西门子运动控制丛书——数控系统篇

西门子公司重点推荐

五轴数控系统加工编程与操作维护（基础篇）

主　编　皆　华　杨轶峰

副主编　贺琼义　魏长江

参　编　刁文海　李　杰　余　旋　师小明

　　　　沈建楠　陈先锋　梁徽翔　顾学权

　　　　左　维　刘志安　李昌宝　鲍　磊

　　　　孙占文　薄向东　方　仁　王展超

　　　　沈　梁　邓中华　孙　晶　张　健

主　审　李晓晖

U0190772

机 械 工 业 出 版 社

本书系统地介绍了五轴数控机床的加工编程与操作维护方法，内容包括五轴数控机床应用基础知识、五轴空间变换 CYCLE800 指令 3 + 2 轴定位编程、五轴加工旋转刀具中心点高级编程指令、五轴数控机床测头检测编程练习、五轴数控系统维护与保养等，同时介绍了相关培训和教学辅助技术。

本书可供数控技术人员使用，也可供职业院校、技工院校的数控专业师生使用。由于西门子 840D 系统是数届世界技能大赛的唯一指定数控系统，也是全国数控技能大赛的五轴指定数控系统，故本书还可供国际、国内数控、模具加工类比赛选手和培训机构参考。

图书在版编目（CIP）数据

五轴数控系统加工编程与操作维护. 基础篇/昝华，杨轶峰主编. —北京：机械工业出版社，2017.9（2024.2重印）

（西门子运动控制丛书. 数控系统篇）

ISBN 978-7-111-57839-0

Ⅰ.①五… Ⅱ.①昝… ②杨… Ⅲ.①数控机床－加工②数控机床－程序设计 Ⅳ.①TG659.022

中国版本图书馆 CIP 数据核字（2017）第 253773 号

机械工业出版社（北京市百万庄大街22号 邮政编码100037）
策划编辑：赵磊磊 责任编辑：王 良
责任校对：王 欣 封面设计：马精明
责任印制：常天培
北京机工印刷厂有限公司印刷
2024 年 2 月第 1 版第 5 次印刷
184mm×260mm · 12.5 印张 · 327 千字
标准书号：ISBN 978-7-111-57839-0
定价：39.80 元

编委会名单

刁文海　广州市机电技师学院
李　杰　天津职业技术师范大学
余　旋　雷尼绍（上海）贸易有限公司
师小明　河南漯河技师学院
沈建楠　宁夏工商职业技术学院
陈先锋　上海（泰之）自动化科技有限公司
梁徽翔　浙江亚龙教育装备股份有限公司
顾学权　南京德西数控新技术有限公司
左　维　天津中德应用技术大学
刘志安　江西现代职业技术学院
李昌宝　广西机电技师学院
鲍　磊　云南机电职业技术学院
孙占文　德玛吉森精机（上海）培训学院
薄向东　唐山工业职业技术学院
方　仁　杭州技师学院
王展超　北京市工业技师学院
沈　梁　杭州萧山技师学院
邓中华　长沙航空职业技术学院
孙　晶　库卡（上海）机器人有限公司
张　健　广州凯勒德数控有限公司

主　编　昝　华　北京联合大学
　　　　杨轶峰　西门子（中国）有限公司
副主编　贺琼义　中国（天津）职业技能公共实训中心
　　　　　　　　天津职业技术师范大学
　　　　魏长江　北京汽车技师学院
主　审　李晓晖　西门子（中国）有限公司

序

　　西门子公司在1960年向市场推出了商用数控系统，至今已有近六十年历史，西门子数控系统以其强大的功能、性能，特别是其开放性、灵活性，在诸多金属加工关键领域取得了巨大的市场影响力。这也成功地帮助我们的用户做出有自己创新特色的、充满更多应用附加值的机床。这一点从我们的用户群可以看出，这些机床与同质化的标准产品有很大不同。近年来，随着我们产品可靠性、适应性方面的进一步大幅度提高，我们在数控应用与研发领域取得了显而易见的增长。尤其在复杂应用领域，在工艺性很强的领域，在高性能领域，在数字化领域，西门子数控始终保持着强大的技术优势。这也正顺应了中国制造2025所倡导的方向。西门子数控技术的宗旨是，向市场提供的不仅仅是产品，更是一个先进、可持续和完整的应用技术平台。

　　西门子系统持续致力于推动中国制造业蓬勃发展，在我国高档数控领域的应用与开发中处于领先地位。为满足产品匹配所需要的大量高端应用技术人才，我们很愿意通过各种渠道为相关技术技能型人才的培养提供优质服务。这本书的诞生就是基于这样一种初衷。在此过程中我们委托相关专家组织五轴教育培训领域的优秀人士撰写了这本书，希望能够为大家尽快学习掌握五轴技术打下基础，为我国制造业的发展提供更多、更高水平的贡献，感谢您对西门子数控系统的关注与认同。

西门子（中国）有限公司

运动控制部

机床数控系统总经理

前言

本书的诞生，源自五轴加工培训业内的一场争论。随着"CAM 编程"的发展，"手工编程"在五轴加工领域还有没有用？为此，西门子（中国）有限公司数控教育培训机构组织了一场主要由全国数控大赛五轴加工获奖选手和相关厂家工程师参加的培训。这些优秀的选手齐聚北京，抛开了 CAM 工具软件，以西门子 840D sl 数控系统为平台，从最基本的五轴"手工编程—人机对话图形编程"开始学习，并将学习到的人机对话图形编程技术与自身的工艺知识结合，运用到零件加工和在线检测中去。最后大家得出了几点体会：

1. 在五轴加工教学培训和生产中，手工编程不再是原有的 G 代码编程理念，而应该是"人机对话图形编程"。

2. "CAM 编程"与"手工编程—人机对话图形编程"谁也无法取代对方。对于某些典型规则多面零件、车铣复合特征的零件，人机对话图形编程的高阶次应用，"手工编程—人机对话图形编程"，可以直接在系统内编程，减少了程序的传输和后置的调整。

3. "手工编程—人机对话图形编程"，尤其是工步编程，只要懂工艺，很快就可以学会编程，这时候的编程不需要记忆代码，只需要将自身的工艺知识变为系统控制下机床的运动关系即可。在熟练掌握这种编程方式之后，学员会发现 CAM 编程学习将会取得事半功倍的效果。

4. 真实的工业产品加工装夹技术，不会是教学中只有机用平口钳或是铣床自定心卡盘，抑或是心轴定位，更多的是使用复杂的工装夹具。"手工编程—人机对话图形编程"和"工步编程"要求操作者必须关注其中可能存在的干涉现象，尤其是对基础薄弱的学员和初学者，非常有必要一步一步尝试着进行，提升对加工工序的认知和机械切削过程的体会。

5. "CAM 编程"与"手工编程—人机对话图形编程"都必须要有扎实的加工工艺基础作为保证。作为一名未来的五轴编程师或工程师，除了学习编程外，了解数控系统的简单维护、备份、程序传输等相关的多轴切削加工拓展知识，也是有必要的。

6. 五轴加工技术的学习一定要从"3 + 2"加工方式开始。"3 + 2"是目前许多典型零件的加工方式，这也是帮助学员认识五轴数控机床坐标轴（系）空间变换最基本的编程技能基础。

由于时间仓促，错误在所难免。在本书撰写过程中，所有的编委及所在单位均给予了全力支持，在此对全体编委及编委所在单位表示衷心感谢。让我们共同努力推动五轴加工技术在我国的普及。

编　者

目 录

第 1 章

五轴数控机床应用基础知识

随着"中国制造2025"战略的提出，在制造业领域，数字制造技术亦随之不断创新，五轴加工作为数控技术应用于当今制造领域的高层次技术，应用范围不断扩大。尤其是以高档数控机床等为代表的"中国制造2025"十大重点领域，与航空航天、海洋工程装备及高技术船舶等直接相关，应用不断扩大，在很大程度上解决了三轴数控机床无法实现的特殊功能，弥补了传统加工工艺的不足，有效地提高了产品零件加工的精度和效率。

1.1 五轴数控机床常见分类

五轴数控机床一般根据轴运动的配置形式进行分类，其轴运动的配置形式有工作台转动和主轴头摆动两类，通过不同的组合可以构成主轴倾斜型五轴数控机床、工作台倾斜型五轴数控机床以及工作台/主轴倾斜型五轴数控机床三大类（考虑到教学理解方便，以下介绍主要基于以铣功能为主的五轴机床展开，车铣复合及五轴机器人加工技术等在后续拓展知识中介绍）。

1.1.1 主轴倾斜型五轴数控机床

两个旋转轴都在主轴头一侧的机床结构，称为主轴倾斜型五轴数控机床（或称为双摆头结构五轴数控机床）。主轴倾斜型五轴数控机床是目前应用较为广泛的五轴数控机床配置形式之一，这种五轴数控机床的结构特点是，主轴运动灵活，工作台承载能力强且尺寸可以设计得非常大，此外该结构的五轴数控机床，适用于加工舰艇推进器、飞机机身模具、汽车覆盖件模具等大型部件。但是将两个旋转轴都设置在主轴头一侧，使得旋转轴的行程受限于机床的电路线缆，无法360°回转，且主轴的刚性和承载能力较低，不利于重载切削。

主轴倾斜型五轴数控机床可以进一步分为以下两种形式：

1）图1-1（见下页）所示为十字交叉型双摆头五轴数控机床结构，一般该结构的旋转轴部件 A 轴（或者 B 轴）与 C 轴在结构上十字交叉，且刀轴与机床 Z 轴共线。

2）图1-2（见下页）所示为刀轴俯垂型五轴数控机床结构。刀轴俯垂型结构又称为非正交摆头结构，即构成旋转轴部件的轴线（B 轴或者 A 轴）与 Z 轴成45°夹角。非正交摆头型五轴数控机床通过改变摆头的承载位置和承载形式，从而有效提高了摆头的强度和精度，但采用非正交形式回转轴会增加操作难度和 CAM 软件的后置处理定制难度。

1.1.2 工作台倾斜型五轴数控机床

两个旋转轴都在工作台一侧的机床结构，称为工作台倾斜型五轴数控机床（或称为双转台五轴结构数控机床）。这种结构的五轴数控机床的特点在于主轴结构简单，刚性较好，制造成本较低。工作台倾斜型五轴数控机床的 C 轴回转台可以无限制旋转，但由于工作台为主要回转部件，尺寸受限，且承载能力不大，因此不适合加工过大的零件。

工作台倾斜型五轴数控机床可以进一步分为以下两种形式：

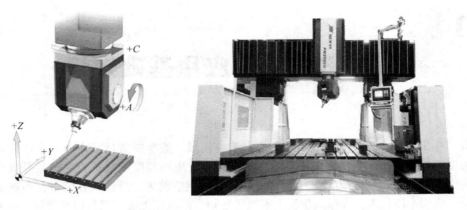

图 1-1　十字交叉型双摆头五轴数控机床

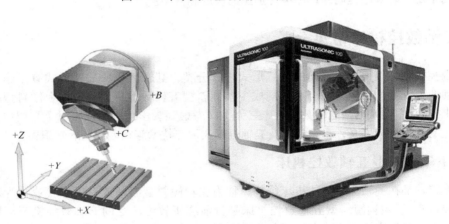

图 1-2　刀轴俯垂型五轴数控机床

1）图 1-3 中右图为工作台正交的五轴数控机床。左图为 *B* 轴俯垂工作台五轴数控机床，*B* 轴为非正交 45°回转轴，*C* 轴为绕 *Z* 轴回转的工作台。该结构五轴数控机床能够有效减小机床的体积，使机床的结构更加紧凑，但由于摆动轴为单侧支撑，因此在一定程度上降低了转台的承载能力和精度。

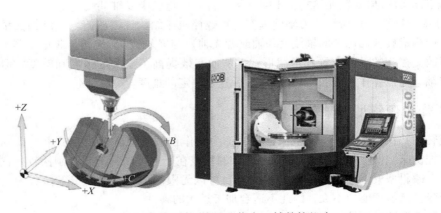

图 1-3　正交和俯垂工作台五轴数控机床

2）图 1-4 所示为双转台（摇篮式）结构五轴数控机床，A 轴绕 X 轴摆动，C 轴绕 Z 轴旋转。该结构是目前最常见的五轴结构，其转台的承载能力和精度均能够控制在用户期望的使用范围内，且根据不同的精度需求，可以选择摆动轴单侧驱动和双侧驱动两种形式，转台是单侧或双侧驱动结构不是决定机床转台精度的唯一标准，还需要综合考虑转台本身的刚性和设计结构等。

图 1-4　双转台结构五轴数控机床（中图为单侧驱动，右图为双侧驱动）

1.1.3　工作台/主轴倾斜型五轴数控机床

两个旋转轴中的一个旋转轴设置在刀轴一侧，另一个旋转轴在工作台一侧，该结构称为工作台/主轴倾斜型五轴结构（或称为摆头转台式）。此类机床的特点在于，旋转轴的结构布局较为灵活，可以是 A、B、C 三轴中的任意两轴组合，其结合了主轴倾斜型和工作台倾斜的特点，加工灵活性和承载能力均有所改善。图 1-5 所示是常见的摆头转台式五轴数控机床。

图 1-5　常见的摆头转台式五轴数控机床

1.2　五轴数控加工典型应用

五轴数控加工机床的经济性和技术复杂性限制了其大范围应用，但在部分制造领域中，已经普遍采用了五轴数控机床进行产品的加工。

1.2.1　复杂曲面及艺术品模型加工

五轴数控机床具有三个线性轴和两个旋转轴，刀具可以到达三轴和四轴机床无法切削的位置，因此五轴数控机床能够进行负角度曲面和大尺寸复杂曲面的铣削加工，且刀轴矢量的自由控制可以避免球头铣刀的静点切削，从而有效提高曲面铣削效率和曲面加工质量。图1-6所示为大型复杂曲面铣削及艺术品模型加工。

图1-6　大型复杂曲面铣削及艺术品模型加工

1.2.2　模具制造领域中的应用

五轴加工在模具制造中的应用较广，如曲面、肋板、清角、深腔、陡峭侧壁、空间角度孔等的加工，五轴加工能够解决模具中过深的型芯和过高的型腔等加工内容。尤其是汽车覆盖件等大型模具，一般型腔和型芯的深度远大于刀具悬伸长度，五轴数控机床依靠刀轴矢量的自由控制，改变刀轴的空间姿态，避开加工过程中的干涉位置，从而以标准长度的刀具，加工大于刀具长度几倍的型芯。图1-7所示为覆盖件模具的五轴加工。

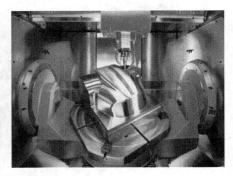

图1-7　覆盖件模具的五轴加工

1.2.3　结构壳体及箱体加工

汽车壳体和箱体类零件在传统加工中工艺复杂，且由于零件中的孔较多，孔与孔之间具有位置公差，此外一般箱体零件的每个面都有待加工内容，因此此类零件的加工一般需要制作专用夹具，对零件进行多工序加工，以满足批量和精度等要求。工序的分散和专用夹具的应用在一定程度上提高了生产成本，且增加了精度保证的难度。五轴数控机床的应用能够降低夹具的复杂性，通过简单的装夹方案，将工序进行集中，从而降低成本，提高加工精度。图 1-8 所示为壳体结构件和发动机箱体的铣削加工。

图 1-8　壳体结构件和发动机箱体的铣削加工

1.2.4　整体叶轮及叶片加工

叶轮和叶片是涡轮增压器、航空发动机、船舶推进器等关键装置的核心零部件。叶轮、涡轮、螺旋桨等零件的叶片为空间自由曲面，且精度和曲面质量要求较高，依靠传统加工方式无法生产加工整体叶轮。五轴数控机床能够控制刀轴空间姿态，且五轴联动加工能够使刀具上某一最佳切削位置始终参与加工，实现曲面跟随切削，极大地提高了整体叶轮的曲面精度和叶轮在使用中的工作效率。图 1-9 所示为半开式整体叶轮和开放式叶轮的五轴加工。

图 1-9　半开式整体叶轮和开放式叶轮的五轴加工

1.2.5　航空、航天制造领域应用

五轴加工在航空、航天领域的应用呈逐步上升趋势，从早期的复杂曲面零件的加工到当今结构件和连接件的加工，五轴加工的应用越来越广。航空结构件变斜面整体加工效果的实现，需要依靠五轴联动配合刀具的侧刃进行切削，以保证面的连续性和完整性，且能够提高精度和效率，此外结构件连接肋板和强度肋板的负角度侧壁，以及大深度型腔的加工，均需要五轴数控机床控制刀轴矢量角度，以实现有效切削。图 1-10 所示为航空、航天结构件的五轴加工。

图 1-10　航空、航天结构件的五轴加工

1.2.6　汽车及医疗领域应用

在加工汽车发动机关键部位时，由于发动机气缸结构复杂，且气缸孔是一个弯曲孔腔，故采用三轴机床无法完成加工。然而五轴联动配合管道加工方式可以实现弯曲气缸孔壁的铣削加工。此外医疗行业中骨板、牙模等空间异形零件的加工具有一定的难度，若采用五轴数控机床可以简化此类零件的制造难度，且能够有效提高生产效率。图 1-11 所示为汽车气缸及骨骼关节板制造应用。

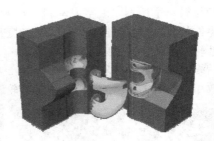

图 1-11　汽车气缸及骨骼关节板制造应用

1.2.7　五轴定向加工"3+2"应用

五轴加工中约 85% 的生产内容均需要由"3+2"定向加工完成，因此五轴加工中定向加工方式的实现是评价五轴数控系统的基本标准。SINUMERIK 840D sl 系统的摆动循环 CYCLE800 定向功能将坐标系平移、旋转、二次平移以及轴定位和轴复位等功能合理地结合为一个模块，有效地降低了五轴定向加工的编程难度。图 1-12 所示为"3+2"定向加工的应用案例。

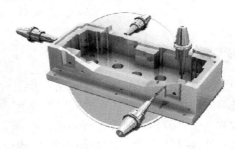

图 1-12　"3+2"定向加工的应用案例

1.2.8 "3+2"定向加工方式在五轴加工竞赛中的应用分析

近几年, "3+2"五轴定向加工方式在五轴加工竞赛中实现一些非正交平面上图形的加工编程的应用和考核越来越多, 不同的数控系统在编写"3+2"定向加工程序时均有其特点。采用西门子公司的 SINUMERIK 840D sl 系统 CYCLE800 循环的 ("3+2"定向加工) 功能进行定向程序编制, 能够更加快捷、有效地解决倾斜面编程问题。

第七届全国数控技能大赛主舱体的样件加工图样 (图1-13), 其中 A—A 视图剖面中的 50mm ±0.05mm、$Ra1.6\mu m$ 平面加工, 径向 $2-\phi12^{+0.018}_{0}$mm 孔加工; 右视图中的"空间一号"字体的雕刻加工, 43mm±0.05mm 位置的 19mm 宽度的平台加工; 主视图剖面中 $\phi20^{+0.033}_{0}$mm、深 10mm 及 $\phi12$mm 通孔的台阶孔组合加工; 仰视图中两处 R1.5mm 圆弧槽等加工内容均可采用"3+2"五轴定向加工方式完成。如果参赛选手熟悉五轴定向加工辅助循环 CYCLE800 功能, 面对系统屏幕, 采用人机对话方式完成这些部位的加工编程, 不仅程序编制简单、易读, 也方便程序的调整, 省去使用三维软件去建模、生成与传送加工代码程序的操作。

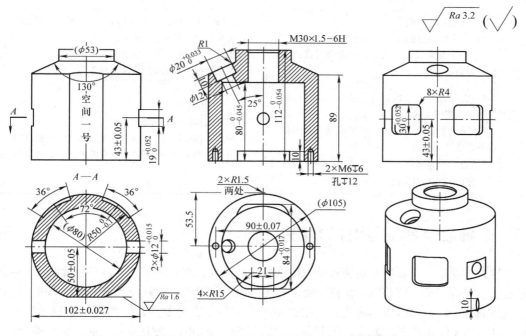

图1-13 第七届数控大赛五轴加工赛项——主舱体零件图样 (样题)

1.2.9 "3+2"定向加工与5轴同步加工特点介绍

"3+2"定向加工和5轴同步加工是五轴加工的主要方式。考虑到五轴加工的经济性, 当工件的几何尺寸和机床的运动允许时, 建议采用以下步骤进行零件加工: 首先采用3轴、3+1轴和3+2轴方式进行粗加工和精加工, 当上述加工方式不能满足零件要求以及进行最终精加工时采用5轴同步方式进行加工。

图1-14和图1-15分别展示了3+2轴定向加工粗加工和5轴同步精加工的应用情况。采用3+2轴方式进行粗加工能够更有效地去除余量, 而采用5轴同步的方式进行最终精加工可以改变

加工过程中的刀轴姿态，从而有效提高加工精度和表面质量。

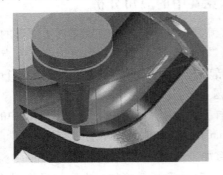

图 1-14　3 + 2 轴定向加工粗加工

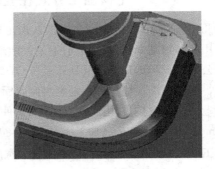

图 1-15　5 轴同步精加工

3 + 2 轴定向加工和 5 轴同步加工各自的特点见表 1-1。

表 1-1　3 + 2 轴定向加工和 5 轴同步加工对比

项目	3 + 2 轴定向加工	5 轴同步加工
优点	1）较低的编程成本 2）只采用线性轴运动，因此无动态限制 3）加工具有较大的刚性，由此可提高刀具的使用寿命和表面质量	1）在固定装夹位置上可加工较深的型腔侧壁和底面 2）可采用紧凑装夹位置的较短刀具 3）工件表面质量均匀，无过渡接刀痕迹 4）减少特种刀具的使用，降低成本
缺点	1）工件几何尺寸的限制，刀具无法切削到较深的型腔侧壁和底面 2）采用较长的刀具铣削深的轮廓，加工质量和效率会受到影响 3）进刀位置较多，增加了加工的时间且产生了明显的过渡接刀痕迹	1）较高的编程成本及碰撞危险 2）由于五轴结构的补偿运动，加工时间常常被延长 3）由于采用了更多的轴，运动误差可能会自行增加

1.3　五轴数控系统与编程方法概述

五轴数控系统是五轴数控机床运动与控制的核心部分。在我国市场上，五轴数控系统中，进口系统主要以西门子、海德汉、发格、哈斯等品牌为主，国产五轴数控系统主要以华中、广州数控、大连光洋、北京精雕等品牌为主。本书主要介绍市场上普及性最广的高档数控系统西门子 SINUMERIK 840D sl 系统，如图 1-16 所示。西门子 SINUMERIK 828D 系统也能实现五轴"3 + 2"控制，但是在联动轴方面，只能实现五轴四联动。

➢ 基于驱动的模块化的开放型数控系统
➢ 复合加工工艺数控系统
➢ 多达 93 根轴/主轴以及任意数量的 PLC 轴
➢ 多达 30 个加工通道
➢ 模块化面板设计
➢ 最大 19″彩色显示屏

图 1-16　西门子 SINUMERIK 840D sl 系统

1.3.1　高档五轴数控系统简介

目前先进的高档五轴数控系统一般采用最先进的多核处理器技术、基于驱动的高性能 NCU（数控单元）。以西门子 SINUMERZIK 840D sl 为例，其系统高性能主要体现在以下方面：

1）高度模块化，并配备数量极多的轴，可在最多 30 个加工通道中控制多达 93 根轴。

2）5 轴模具加工中进行高速切削时的超高精度和动态加工性能。

3）具有最佳的数控性能以及空前的灵活性和开放性。高度的系统开放性使机床制造商能够将控制系统的性能与机床工艺相融合，涵盖多种附加解决方案、产品和服务，如刀具和过程监控系统、测量系统以及远程服务和视频监控系统。

4）系统的通用性。从五轴加工领域来说，更多的适用于车铣复合、五轴龙门、五轴激光加工、五轴 3D 打印、五轴工业机器人数控加工控制等工艺（图 1-17）。

5）广泛的高精尖行业认可度，如应用于航空航天、船舶制造、医疗器械、模具加工等领域，既适合大批量生产也能满足单件小批量生产的要求。

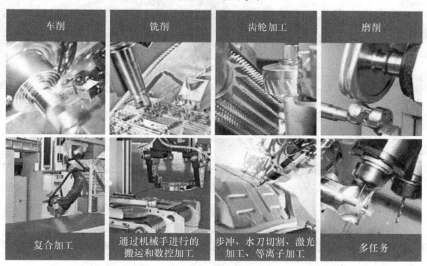

图 1-17　西门子 SINUMERIK 840D sl 五轴数控系统应用加工领域

1.3.2　五轴数控加工编程方式简介

（1）五轴数控加工编程方式总体介绍　随着五轴加工技术的发展，针对不同的行业及产品类型，在不同的时期和不同的企业有不同的应用。各种编程方式对比见表 1-2。

表 1-2　各种编程方式对比

	特点
G 代码手工编程	一般通过 CAM 生成 G 代码，除极简单和老式五轴机，基本不适用于手工 G 代码
宏程序（参数编程）	对编程人员要求很高，需要熟练记忆代码，只适用于规则型面、少品种大批量零件编程
人机对话混合编程	对于大多数的规则空间箱体、轴类、结构件适用，不用另外购置 CAM 软件及建模，只要懂得工艺即可编程，编程结果可以通过系统 3D 零件仿真，程序量小，系统直接启动（人机对话混合编程由于含部分代码，不如工步编程直观、简便）
人机对话工步编程	
CAM 编程	适用于任何零件，尤其是曲面加工。但是对于软件后置处理（需熟悉数控系统五轴变换、刀尖跟随、程序压缩等指令）对复杂零件装夹和实体的建模要求较高

（2）基于五轴数控系统的人机对话图形编程方式（图1-18，图1-19） 目前在市场上，应用最多的两种五轴编程模式是 CAM 编程和人机对话图形编程（含混合编程、工步编程）。本文作为五轴编程的基础，主要讲解人机对话图形编程。该种编程与 CAM 编程可以相辅相成，对于一些形体规则的箱体、回转类含车铣特征的零件可以直接在系统上进行编程。特别是对于一些含辅助定位工装夹具的零件，人机对话图形编程可以帮助编程操作人员更多地考虑干涉（特别是单间小批量加工，花费大量的时间进行产品和夹具建模，不如直接使用系统人机对话编程，效率更高）。混合编程和工步编程的基本方式差异性不大，区别在于，混合编程可以将代码编程和图形编程相结合，而工步编程也可以与图形编程切换，但最后直接显示编程的工艺过程，这样更直观，不需要记住基本编程代码。下面简述一下两种人机对话图形编程。

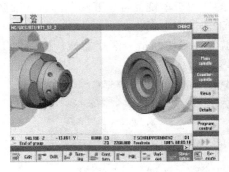

图1-18 人机对话图形编程的3D显示　　　图1-19 人机对话编程图形界面

1）人机对话混合编程

图1-20 中右侧画面展示的是我们常说的西门子 G 代码方式的编程格式，但是加工平面循环（CYCLE61）代码指令是通过左侧展示的数控系统界面中的"加工平面"人机对话的方式自动生成的。

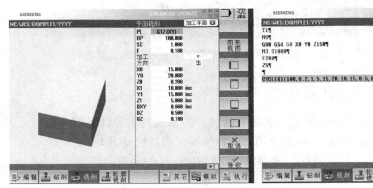

图1-20 人机对话混合编程界面

2）人机对话工步编程（图1-21）。对于一些复杂的空间变换编程，比如说车铣复合加工一般也可以直接采用人机对话工步编程。如西门子系统基于车削类型（车铣复合加工也属于其中）称之为 ShopTurn 功能，铣削结构的五轴加工可以直接使用人机对话工步编程，如西门子系统基于铣削类型，称之为 ShopMill 功能。

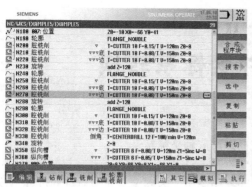

图 1-21　人机对话工步编程界面

　　ShopMill 和 ShopTurn 是以西门子数控系统 SINUMERIK 强大的 NC 功能为基础，铣、车俱佳的工步编程软件（可以内置到数控系统，也可以与西门子培训调试软件 SINUTRAIN 集成安装到电脑端，用于离线编程和培训学习）。ShopMill 与 ShopTurn 均采用交互式图形化编程，操作人员无须 G 代码编程基础，懂得加工工艺即可编写 NC 程序，大大缩短了从图样到工件加工的转换时间。编程工步的动态图形和程序模拟即时显示，增强了程序的可靠性。该功能在手动方式下，可轻松完成工件测量、刀具测量、刀具转换、轴定位、毛坯加工等任务，快速实现机床设置，大大缩短工件加工的辅助时间。

第 2 章

五轴加工零件坐标系转换

在学习坐标系转换前，我们使用几个简图帮助理解五轴坐标系。

1. 什么是坐标系

它是描述某一质点空间状态的基本参照系。在参照系中，为确定空间一质点的位置，按规定方法选取一组有次序的数据，这组数据被称作"坐标"。在某一问题中对坐标进行规定的方法就是该问题所采用的坐标系。坐标系的种类很多，五轴加工常用的坐标系有笛卡尔直角坐标系和平面极坐标系。

2. 什么是移动和旋转

移动和旋转的定义见表 2-1。

表 2-1　移动和旋转

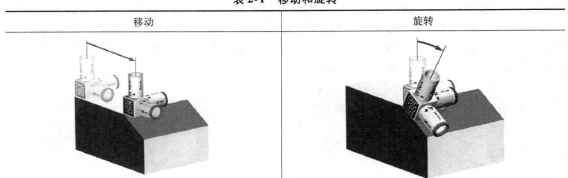

移动	旋转

3. 五轴坐标系的三轴坐标系的判定关系（表 2-2）

表 2-2　五轴坐标系的三轴坐标系的判定关系

五轴坐标系	=	三个直线坐标轴＋三个旋转轴（一般选取其中的任意两个）
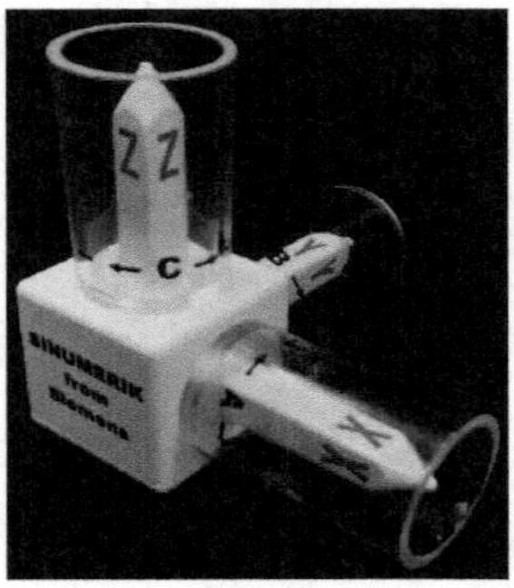		三轴直线坐标轴 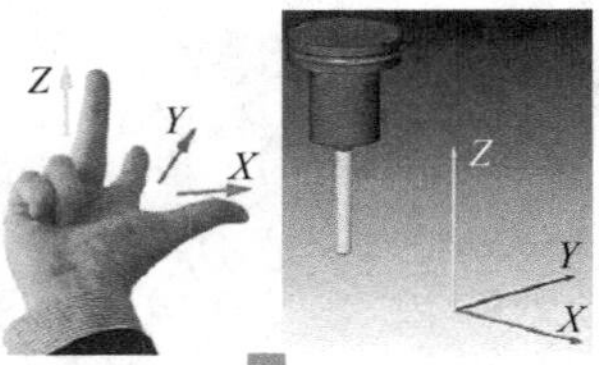
	=	围绕三轴直线坐标轴的旋转轴 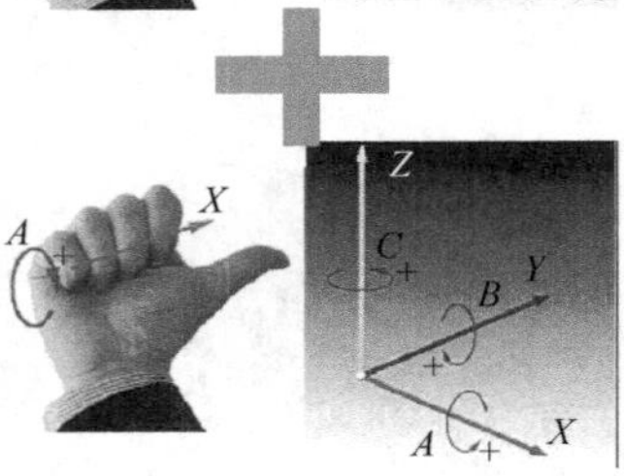

2.1　五轴数控机床中的坐标系

2.1.1　常用坐标系分类

在五轴加工技术中，坐标系的概念定义灵活，不同的应用场合坐标系的定义和适用情况亦不相同，西门子 SINUMRERIK 840D sl/828D 数控系统中将坐标系分为 5 种（表 2-3）。

表 2-3　数控系统中 5 类坐标系分类

类型	缩写	说明
机床坐标系	MCS	由所有实际存在的机床轴构成，使用机床零点 M
基准坐标系	BCS	由三条相互垂直的轴（几何轴）以及其他辅助轴构成。BCS 由 MCS 经过运动转换而成
基准零点坐标系	BNS	由基准坐标系（BCS）通过基准偏移后得到
可设定的 零点坐标系	ENS	通过可设定的零点偏移，可以由基准零点坐标系（BNS）得到可设定的零点坐标系（ENS）。在 NC 程序中使用 G 指令 G54…G57 和 G505…G599 来激活可设定的零点偏移
工件坐标系	WCS	工件坐标系始终是直角坐标系，并且与具体的工件相联系，使用工件零点 W

2.1.2　各坐标系之间的关系

五轴数控机床中的坐标系存在从属关系，低级别坐标系附属于高级别坐标系建立。根据五轴数控机床中坐标系的分类，可以得到各个坐标系之间的相互关系，图 2-1 所示为五轴数控机床坐标系对应关系。一般情况下机床坐标系和基准坐标系为重合状态，两者可以分为第一级坐标系，当两者存在偏置时基准坐标系附属于机床坐标系建立。而基准零点坐标系是与机床坐标系存在偏置距离的第二级坐标系，可设定的零点坐标系即为传统意义上的"工件坐标系 G54…G57"，该坐标系同样附属于机床坐标系建立的二级坐标系。但是，在使用过程中可设定的零点坐标系与基准零点坐标系存在附加作用，可编程的变换坐标系为五轴加工中的常用坐标系二次建立方式，其附属于可设定的零点坐标系存在，常用于"3＋2"定向加工情况下的编程零点建立。

图 2-1 所示对应关系的编号①～④，其具体关系描述为：

① 运动转换未激活，即机床坐标系与基准坐标系重合；

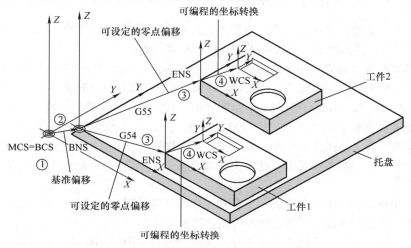

图 2-1　五轴数控机床坐标系对应关系

② 通过基准偏移得到带有托盘零点的基准零点坐标系（BNS）；

③ 通过可设定的零点偏移 G54 或 G55 来确定用于工件 1 或工件 2 的可设定的零点坐标系（ENS）；

④ 通过可编程的坐标转换确定工件坐标系（WCS）。

2.1.3 框架的概念

在五轴加工技术中一般采用"框架（FRAMES）"一词来描述一种可以进行多种变换的直角坐标系（图2-2）。框架可以通过定义一种运算规范，把定义在空间中某一位置的直角坐标系转换到另一个位置上的直角坐标系。因此，可以总结出框架的几个特点：

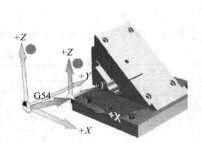

图 2-2 "框架（FRAMES）"示意

1）框架：一种可以进行多种变换的直角坐标系。

2）框架的组成：

基本框架（基本偏移，G500）：工件坐标系的基准。

可设定的框架（G54…G59）：工件坐标系名称。

可编程的框架（TRANS，ROT…）：工件坐标系的偏移和旋转等。

3）框架定义一种运算规范，它把一种直角坐标系转换到另一种直角坐标系。框架只作用于坐标系，只能改变坐标系的变化方式。例如，旋转、缩放或移动。

2.2 五轴加工工件坐标系的建立

虽然五轴加工设备的运动轴数较多，且包含多种坐标系，但五轴加工中工件坐标系的建立方法与三轴机床的工件坐标系建立方法基本相同。无论是三轴加工或是五轴加工，其工件坐标系建立的实质均为：告知数控系统工件放置在数控机床的哪个位置上，即选择工件上某一参考点，找到与这一参考点重合的机床坐标值，并将该机床坐标值输入到数控系统中，以确定工件在机床中位置的唯一性。工件坐标系建立的过程即为实现这一告知目的的方法和手段。

2.2.1 工件坐标系建立的常用方法

工件坐标系建立的方法较多，根据主轴夹持设备与工件接触方式的不同，一般可分为切削式和非切削式两类，这两种方法的坐标系建立原理基本相同。

（1）切削式坐标系建立 切削式坐标系建立应用较广。该方法所用主轴夹持设备一般为刀具，通过刀具切削工件观察切屑的方法实现坐标系的建立，如图2-3所示。该方法操作简单，应用范围广，但精度较低，常用于粗加工坐标系建立，不能用于精基准工件表面的坐标系建立。

（2）非切削式坐标系建立 非切削式坐标系建立采用的主轴夹持设备较多，主要包括机械寻边器、光电寻边器、杠杆表和红外探头等。在五轴数控机床中应用较多的为采用红外探头建立工件坐标系的方法，如图2-4所示。这个方法精度较高，且与数控系统的测量循环指令结合使用，操作简单。

（3）工件坐标系建立的一般步骤 五轴加工中工件坐标系的建立过程与三轴加工基本相同。一般情况下需要将五轴数控机床的两个旋转轴移动至零度位置，使机床处于正交三轴加工状态，并采用三轴加工的工件坐标系建立方法进行。现以 SINUMERIK 840D sl 五轴数控系统操作为例，介绍工件坐标系建立的步骤：

图 2-3   试切法建立工件坐标系

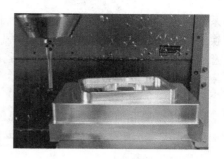

图 2-4   探头建立工件坐标系

步骤一：调用 3D 红外探头至主轴一侧。

步骤二：采用手轮或手动操作将 3D 红外探头的触头移动至工件中心上方（大概位置）。

步骤三：在系统面板上按【MACHINE】键，再按软键〖测量工件〗，并选择〖矩形凸台〗选项，得到图 2-5 所示设置界面，并根据零件尺寸和探头触头位置设置 L、W、DZ 三个基本测量数据。

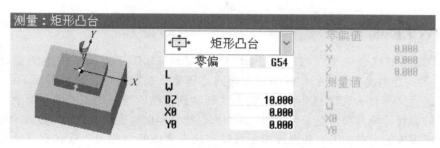

图 2-5   矩形凸台形式坐标系建立

步骤四：执行循环启动，激活矩形凸台自动测量动作。

步骤五：测量完成后，打开 OFFSET "零点偏置界面"，如图 2-6 所示，检验坐标系建立结果。

				X	Y	Z	A	C
G54				-347.234	-390.230	-312.520	0.000	0.000
	精确			0.000	0.000	0.000	0.000	0.000

图 2-6   "零点偏置界面"坐标值显示

2.2.2   "3 + 2" 定向加工工件坐标系建立

"3 + 2" 定向加工是五轴数控机床的主要加工方式，在五轴加工中大约 85% 以上的加工内容可以采用 "3 + 2" 定向加工的方式完成。所谓 "3 + 2" 定向加工，是指五轴数控机床中的 3 个直线轴进行联动，其余 2 个旋转轴进行定向。加工前，先通过两个旋转轴的定位功能，使得机床主轴与被加工工件呈固定的空间角度，然后再通过三个基本直线轴的联动，对工件上的某一区域进行三轴加工。这种编程方式比较简单，可以使用三轴加工策略。

"3 + 2" 定向加工主要由 2 个旋转轴的定向运动，配合其余 3 个线性轴的联动实现。然而，为了简化 "3 + 2" 定向中 2 个旋转轴的定向，以及旋转轴定向后的程序编辑，主流的五轴数控系统均定制了回转平面定位功能，用于实现工件坐标系到可编程坐标变换后的坐标系之间的转换操作。其实质为，首先采用坐标系平移功能将初始工件坐标系进行沿 X、Y、Z 三个方向的任意移动，建立坐标系旋转中心，然后利用坐标系旋转功能或者轴旋转功能将坐标系进行旋转，使待加工倾斜面的法矢量方向与刀具轴线方向一致。最后，根据需要再次进行坐标系平移以简化坐标系倾斜状态下的编程操作。

该操作在五轴数控系统中的实现包含表 2-4 中的三个步骤。

表 2-4　五轴数控系统坐标系之间的转换操作

步骤	名称	内容
步骤 1	平移	根据图样所示加工平面的位置和角度，对 G54 坐标系位置进行平移
步骤 2	旋转	根据图样所示加工平面的角度，旋转倾斜面至加工表面
步骤 3	平移	对坐标系进行二次平移，以简化程序编辑的工作量

2.3　摆动循环 CYCLE800 简介

2.3.1　CYCLE800 指令

（1）CYCLE800 指令定义　西门子公司 SINUMERIK 840D sl 数控系统中的摆动循环 CYCLE800 是一种对工件坐标系进行空间静态转换的"框架"功能指令，能够实现 3 + 2 轴机床把编程坐标系通过"平移—旋转—再平移"的方式转移到当前所需要加工的倾斜面上，实现空间工件坐标系的旋转，使刀轴垂直于当前加工倾斜面，把倾斜面转换成 3 轴加工方式来进行加工编程，从而实现零件的定向加工。利用该指令可以实现在立体倾斜侧面上或在有一定角度的侧面上完成各种沟槽、型腔、凸台、钻孔、攻螺纹等一系列的三轴机床加工的内容。能够在三轴加工的基础上通过一个简单的指令（由系统后台进行运动计算与执行控制）就可以实现五轴定向加工。

（2）CYCLE800 指令的称呼　在本书中将 CYCLE800 指令称为"摆动循环"。

CYCLE800 指令在一些资料中还有其他名称，如"平面倾斜循环""转动加工循环""五轴定向加工辅助循环"和"3 + 2 轴定向加工"等。

（3）CYCLE800 编程原理　借助回转头或者回转台可以加工或设置斜面。回转在"JOG"运行方式和"AUTO"方式下都可以使用。在参数化或者回转编程时可通过清楚的图形显示加以辅助，如图 2-7 所示。这时可以对机床的回转轴（A、B、C）进行编程，或者可以直接给出绕工件坐标系几何轴（X、Y、Z）的旋转值，如同各个工件图中说明的一样。然后，加工时在程序中自动将工件坐标系的旋转换算成机床上各个转向轴的旋转值。此时回转轴一直旋转，直到在接下来的加工中加

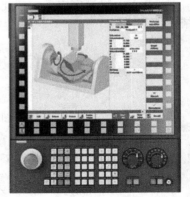

图 2-7　CYCLE800 "摆动循环"
系统运行界面

工平面垂直于刀具轴。然后在进行加工时，加工平面固定不变。轴回转时，生效的零点和刀具补偿会自动换算成适合回转状态的值并形成新的坐标系。

摆动循环 CYCLE800 指令运行步骤一般为：

1）将坐标系回转到待加工平面。

2）和通常在 X/Y 平面（如果设定 G17 为切削平面）中一样对加工内容进行编程。

3）重新将坐标系转回。

2.3.2　CYCLE800 指令应用特点

摆动循环 CYCLE800 指令是五轴编程的基础，也是五轴联动学习之前应该必须掌握的内容，掌握该内容后，才能够为五轴联动编程学习做好知识积累。

（1）应用特点　大多数企业在生产过程中，五轴联动的场合并不多，反而这种固定轴 3 + 2 铣削的场合应用非常广泛。即使加工普通曲面，为了避免球头刀刀心参与切削，我们也可以应用 CYCLE800 指令将球头刀偏转一个角度用球刀侧刃某一点来参与切削，防止球刀刀尖在线速度趋向于零的切削刃位置参与切削，如图 2-8 所示。

图 2-8　避免刀心参与切削示意图

（2）摆动循环 CYCLE800 指令的编程优势

1）在面向工件的坐标系中，实现倾斜平面加工操作的快速编程。不需要计算旋转轴位置，工件参考保留在回转环境中。

2）在回转模式为"逐轴"的情况下，实现独立于运动系统的编程。这意味着程序可以在任何结构类型的 SINUMERIK 五轴数控机床中运行，见表 2-5 。

表 2-5　不同类型五轴数控机床的运动形式

回转头（T 型）	回转台（P 型）	回转头 + 回转台（M 型）
可回转刀架	可回转工件夹具	混合式运动转换

3）对于 CAM 系统上的编程，不需要任何运动系统特定的后处理器。

4）刀具和零点偏移可以随时在机床上通过相关参数进行设置和修改，而不用修改数控加工程序。

5）由于刀具与加工表面始终保持垂直，便于使用铣削和钻削循环以及测量循环。

6）回转前的自动回退考虑应用软件限位。在此，可以使用各种回退策略。

7）数控系统复位或掉电后保持回转框架，这样就允许倾斜平面中刀具回退（回转框架存储在旋转轴参考、工件参考和刀具参考的静态 NC 存储器中）。

2.4 摆动循环 CYCLE800 指令典型应用

可以应用于各种结构类型的五轴数控机床，包括摇篮式、双摆头式和摆头＋转台式等结构的机床，甚至在五轴车铣复合机床上也可以应用该指令。

本书在后面讲解摆动循环 CYCLE800 指令典型应用时主要以某型号回转台结构五轴加工中心机床（见图2-9）为例展开，因此有必要简要说明一下该机床的结构特点与加工的极限工作参数，见表2-6。

图2-9　某型号五轴加工中心的机体结构

表2-6　某型号五轴加工中心技术数据与特性

项目	单位	参数
X/Y/Z 轴行程	mm	500/450/400
B 轴回转角度	（°）	$-5° \sim 110°$
C 轴回转角度	（°）	$-\infty \sim \infty$
转速范围	r/min	20 ~ 14000
功率（40%/100% DC）	kW	14.5/20.3
转矩（40%/100% DC）	N·m	121
转速范围（选配）	r/min	20 ~ 18000
功率（40%/100% DC）（选配）	kW	25/35
转矩（40%/100% DC）（选配）	N·m	130
快移速度 X/Y/Z	m/min	30
夹紧面尺寸	mm	700×500
承重能力	kg	500
重量	kg	4480
功率	kW	21

图 2-10 为某型号（P 类回转台结构）五轴加工中心 B 轴工作台摆动极限位置情况。

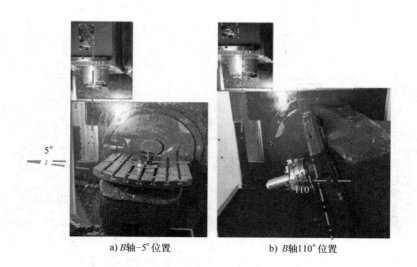

a) B 轴−5° 位置　　　　b) B 轴110° 位置

图 2-10　某型号（P 类回转台结构）五轴加工中心 B 轴极限位置

针对图 2-10 所示回转台结构的机床，一般来说，有负角面超过 B 轴摆动范围 −5°~110°的零件，若没有采用其他工件装夹措施或工艺措施，是不适合在该型号（此 P 类回转台结构）五轴加工中心机床上进行加工的。

2.5　摆动循环 CYCLE800 指令中主要参数说明

要想成功地使用摆动循环 CYCLE800 编程指令，不仅要了解该指令的编程原理，还要理解该循环指令中的相关参数。摆动循环 CYCLE800 指令的参数包括两个部分。第一部分是机床出厂时，制造商为此机床量身设定的参数，我们称其为基础参数。第二部分是操作者针对加工零件要求设置的工艺参数，我们称其为使用参数。一般情况下，第二部分参数依存于第一部分参数。

2.5.1　摆动循环 CYCLE800 的基础参数设定

摆动循环 CYCLE800 指令在使用中必须结合实际机床的形式、编程方法和有无 RTCP 功能等进行相应基本参数组设置。偏移矢量和旋转轴矢量的设置值用于计算参考编程回转框架回转之后的工件位置，如图 2-11 所示。可以根据需要在此设置和启用回转循环的附加功能。

了解对应型号五轴加工中心机床的相关性能有助于读者后续的编程及操作学习。结合图 2-12总结了摆动循环 CYCLE800 的回转数据组各项目的参数含义，见表 2-7。

在图 2-13 "回转轴通道 1" 界面中的回转轴 1 的标识符 "B" 和回转轴 2 的标识符 "C" 分别代表 P 型机床，沿 YZ 方向的旋转轴。回转轴 1 称为第一回转轴，回转轴 2 称为第二回转轴。

在图 2-12 和图 2-13 中所显示出的选择项内容与数值在机床出厂时已经设定好，我们不建议操作者随意调整或修改其中的信息。

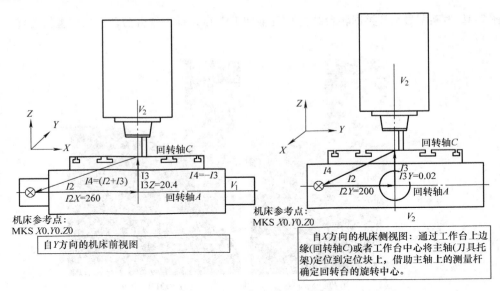

图 2-11　P 类回转台的偏移矢量和旋转轴矢量

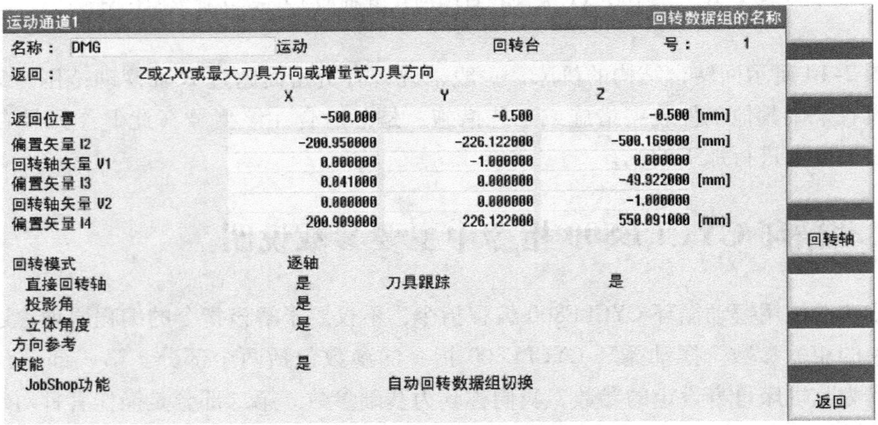

图 2-12　实际机床 CYCLE800 数据组设置界面 1 截屏

表 2-7　运动通道 1 中回转数据组各项目的参数含义

项目	内容或数值	说明
名称	TC1	回转循环名称设置
运动	回转台	根据五轴数控机床结构类型选择相对应的形式
	回转头	
	回转头 + 回转台	
返回	无空运行	刀轴摆动之前的刀尖定位方式
	Z	
	Z，XY	
	Z 或 ZXY	
	最大刀具方向	

（续）

项目	内容或数值	说明
返回位置	Z 或 ZXY 回退位置	刀轴退刀运动的目标位置坐标（安全位置坐标）
偏置矢量 $I2$	回转中心坐标	机床基准点到回转轴 1 的旋转中心/交点的距离
回转轴矢量 V_1	第一回转轴	回转轴 B 绕 Y 轴旋转
偏置矢量 $I3$	回转中心坐标	从回转轴 1 的旋转中心/交点到回转轴 2 的旋转中心/交点的距离
回转轴矢量 V_2	第二回转轴	回转轴 C 绕 Z 轴旋转
偏置矢量 $I4$	回转中心坐标	结束矢量链 $I4 = -(I2 + I3)$
回转模式	直接回转轴	CYCLE800 所设定的三种回转模式，其使用原则要根据零件的性质和加工要求来定，以方便编程为准则
	投影角	
	立体角度	
刀具跟踪	否	刀具运动过程中是否带有刀尖随功能，一般 3 + 2 机床加工选择
方向参考	回转轴 1，方向选择 +	方向参考：B 轴摆动时的优先方向。本书中所述机床是正向优先
	回转轴 2，方向选择 +	
	回转轴 1，方向选择 –	
	回转轴 2，方向选择 –	
	否，无显示，方向 +	
	否，无显示，方向 –	
JobShop 功能	自动回转数据组切换	支持在工步编程方式下使用 CYCLE800
	手动回转数据组切换	

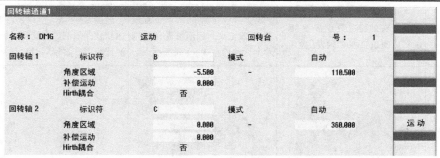

图 2-13　实际机床 CYCLE800 数据组设置界面 2 截屏

2.5.2　摆动循环 CYCLE800 应用前的使用参数设定

实际上，操作者一般只需关注使用参数设定就可以完成加工任务。对于一台具体的五轴数控机床，学习使用"回转平面"对话框完成 CYCLE800 指令的使用参数的设定（输入），是一件非常重要的工作。如图 2-14 所示的"回转平面"参数对话框基本可以满足典型加工任务编程的使用要求。

（1）PL（加工平面设置）　该选项用于设定加工所在平面，这个选项参数实际上是钻削和铣削加工循环中 $Z0$、SC、$Z1$、RP 这几个参数的参考基准。虽然五轴加工加工平面是经常切换的，但是在使用摆动循环 CYCLE800 指令的加工中，我们通常选择 G17 平面作为初始平面，通过选择回转指令可以使坐标系旋转，以达到加工平面旋转的目的。如果 PL = 18，$Z0$ 则是 Y 轴方向上的基准高度，若是 PL = 19，那么 $Z0$ 便是 X 轴方向上的基准高度了。读者不要误以为 $Z0$、$Z1$ 只是表示 Z 轴上的位置，其实它们也同样用来表示 Y 轴和 X 轴上的相应位置。

（2）TC（回转数据组名称）　输入回转数据组的名称，就是给回转循环起个名字。可以为不同的 CYCLE800 数据组设置不同的名称，根据需要选择名称即可切换相应的参数。不过需要指出，在编写的加工程序中调用 CYCLE800 指令中或回转平面对话框中 TC 项中的数据组名称必须与当前数控系统的回转数据组名称一致，否则程序无法运行。

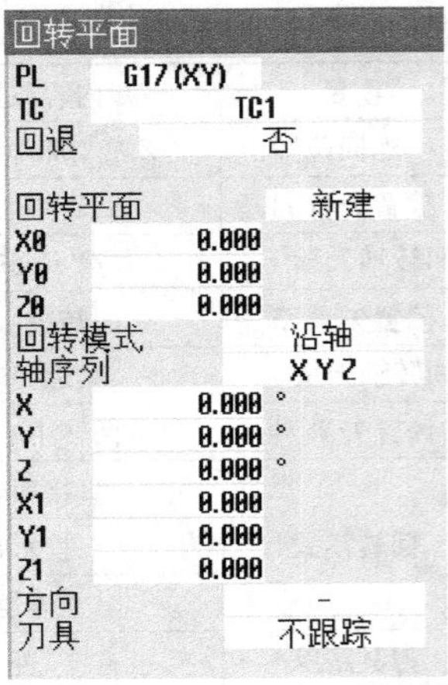
回转平面
PL G17 (XY)
TC TC1
回退 否
回转平面 新建
X0 0.000
Y0 0.000
Z0 0.000
回转模式 沿轴
轴序列 X Y Z
X 0.000 °
Y 0.000 °
Z 0.000 °
X1 0.000
Y1 0.000
Z1 0.000
方向 -
刀具 不跟踪
图 2-14 “回转平面”对话框界面中的参数

（3）回退选择项　可以在回转旋转轴到新加工平面之前从工件加工位置回退刀具以避免与工件碰撞。可以在回转数据组中选择相应的回退类型。一般通常我们选择 *Z*，*XY* 方式，先沿 *Z* 向退刀，然后再 *XY* 平移到指定位置。常用回退方式及含义见表 2-8。

（4）回转平面选择项　该选项可以根据需要，选择某一平面作为被旋转的平面。其中可以分为两种方式：

1）新建：从初始的坐标系原点开始建立一个新的坐标平面。

2）附加：在已变换角度或位移的平面上，继续累加旋转或平移。

通常我们选择建立新的坐标平面，而很少采用附加的方式建立坐标平面。

（5）输入旋转前平移坐标系基准点数据（*X*0、*Y*0、*Z*0）　旋转前平移 WCS 坐标系的示意见表 2-9 所示。

表 2-8　常用回退方式及含义

常用回退方式	沿“*Z*”回退	沿“*Z*，*XY*”回退	沿“最大刀具方向”回退
含义	沿 *Z* 轴的回退位置参考 MCS 定义。回退只在 *Z* 轴发生	沿 *Z*、*X*、*Y* 轴的回退位置参考 MCS 定义。回退首先在 *Z* 轴发生，然后在 *X*、*Y* 轴发生	沿参考 WCS 的刀具方向回退，直至达到软件限制。在运动系统类型 T 和 M 的情况下，多轴同时移动
示意图	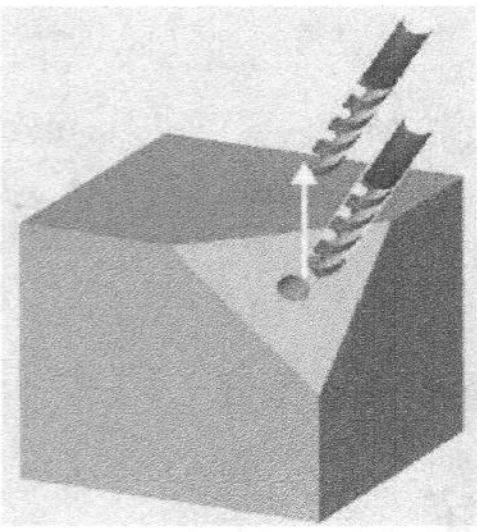	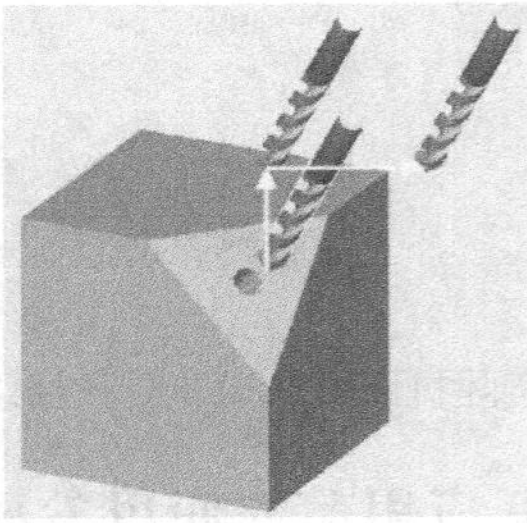	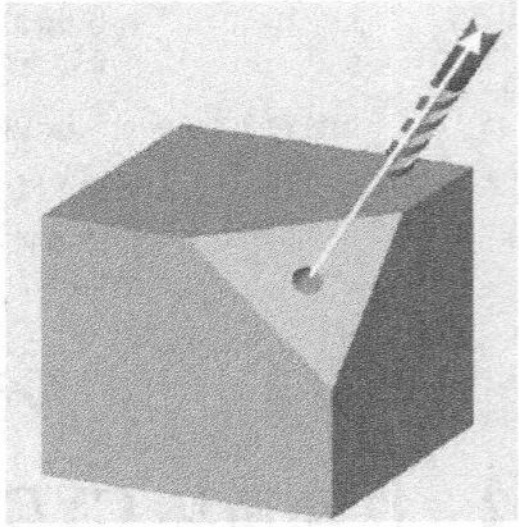

表 2-9　旋转前平移坐标系基准点

沿 *X* 轴的工件零点偏移	沿 *Y* 轴的工件零点偏移	沿 *Z* 轴的工件零点偏移
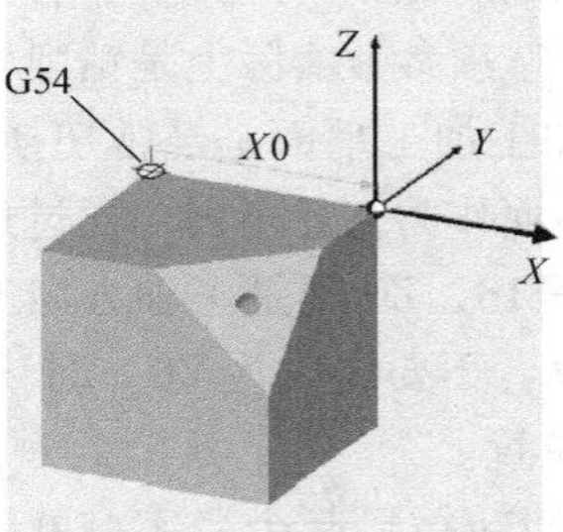G54 Z X0 Y X	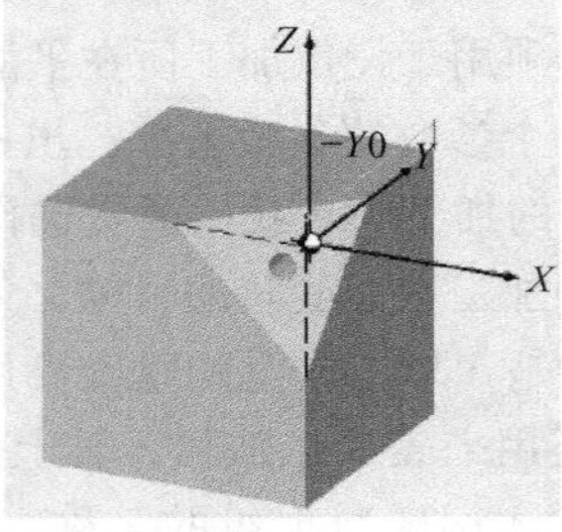Z -Y0 Y X	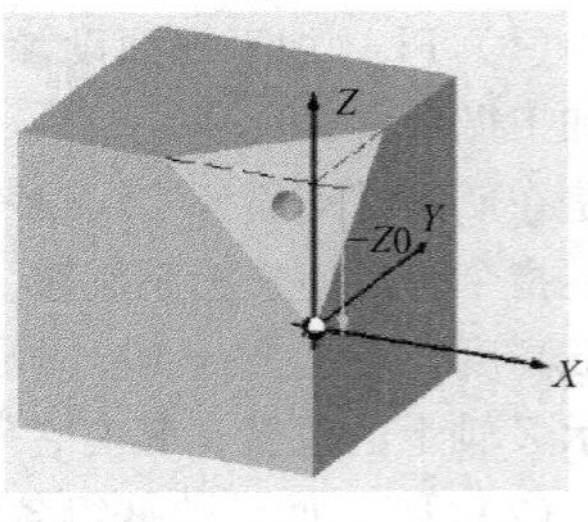Z Y -Z0 X

（6）回转模式选项　可根据加工的实际需要选择回转模式中的一个，每个回转过程是逐轴进行的，如图 2-15 所示。

1）逐轴回转模式。可以在回转数据组参数中选择和启用各种回转模式。建议选绕几何轴"逐轴"方式回转坐标系，因为编程是独立于机床运动系统的。注意这里的旋转方向指的是刀具的旋转方向，后续的平移是指在旋转后的平面上进行的三个坐标方向上的平移。

回转模式	逐轴
直接回转轴	是
投影角	是
立体角度	是

图 2-15　回转模式选项

根据想要旋转的工件平面所在的轴，按照右手直角笛卡尔坐标系和右手螺旋定则选择回转方向。注意，这里的回转方向是刀具的回转方向，因为我们始终认为工件固定而刀具移动。坐标系在以 *XY* 平面（G17 平面）为基准的工件坐标系中 1 次沿各轴进行回转，如图 2-16a 所示。图 2-16b 所示是"坐标立方体"教具，该教具能够直观地反映 ISO 右手直角笛卡尔坐标系。此教具的零件图样如图 2-17 所示。

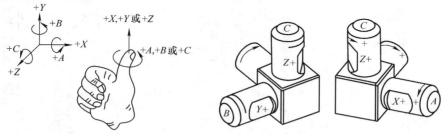

a) ISO右手直角笛卡尔坐标系　　　　　　b) 坐标立方体

图 2-16　右手直角笛卡尔坐标系

要想判断出正确的回转角度，必须要明确以下几点规则。

① 右手螺旋定则规定大拇指指向轴的正方向，四指环绕方向为绕该轴旋转的正方向。

② 回转方向是指刀具的回转方向，需要注意的是，在本书中工作台摆动的五轴结构中工件回转方向与刀具的回转方向是相反的。例如，如果工件绕 *X* 轴正向旋转，那么刀具的旋转方向就是负方向。

③ 始终认为工件固定而刀具移动。后面所有涉及坐标系（或刀具）沿轴旋转的情况都采用上述判断原则来实施。

2）投影角回转模式。使用"投影角"回转模式时，回转表面的角度值会投影到坐标系的前两个轴。用户可以选择轴旋转顺序。第三个旋转始于前一个旋转。应用投影角时必须考虑活动的平面和刀具方向。投影角回转方式见表 2-10。

当编程围绕 *XY* 和 *YX* 的投影角时，回转坐标系的新 *X* 轴位于旧 *ZX* 平面上。

当编程围绕 *XZ* 和 *ZX* 的投影角时，回转坐标系的新 *Z* 轴位于旧 *YZ* 平面上。

当编程围绕 *YZ* 和 *ZY* 的投影角时，回转坐标系的新 *Y* 轴位于旧 *XY* 平面上。

3）立体角回转模式。使用立体角回转模式时，刀具首先绕 *Z* 轴旋转（α 角），然后绕 *Y* 轴旋转（β 角），见表 2-11，第二个旋转始于第一个旋转。回转框架在此平移到 5 轴机床的参与旋转的轴上。

（7）轴序列　单独坐标旋转的顺序可使用"SELECT"（选择）键自由选择。在此建议使用基于 RPY 原则的旋转顺序。

以下规则适用：

1）绕 *Z* 轴的旋转。

2）绕新 *Y* 轴的旋转。

3）绕新 *X* 轴的旋转。

注意：要根据零件的实际形状和加工要求选择合理的轴顺序。

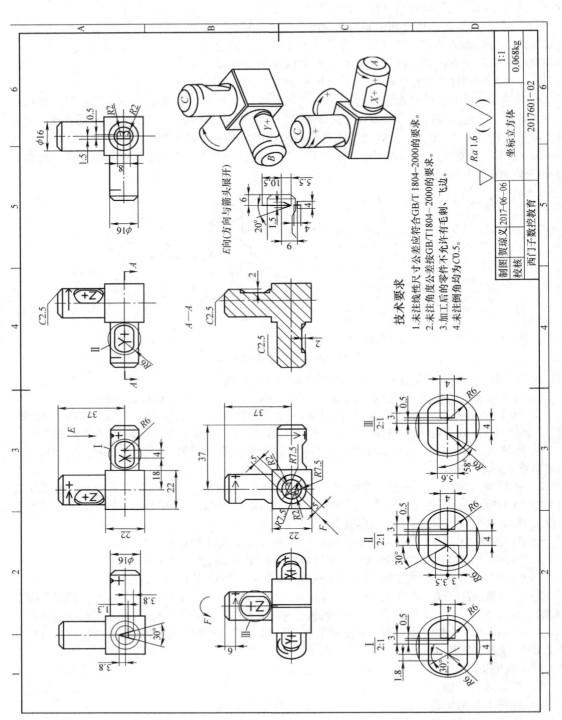

图 2-17 "坐标立方体" 教具

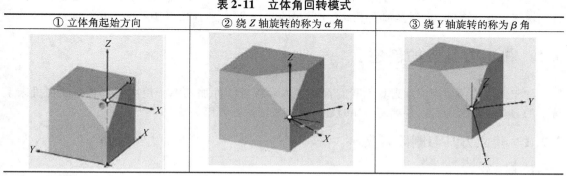

表 2-10 投影角回转方式

G19（YZ）投影角 Xα，绕 X 轴的第三个旋转	G18（ZX）投影角 Yα，绕 Y 轴的第三个旋转	G17（XY）投影角 Zβ，绕 Z 轴的第三个旋转

表 2-11 立体角回转模式

① 立体角起始方向	② 绕 Z 轴旋转的称为 α 角	③ 绕 Y 轴旋转的称为 β 角

（8）输入旋转的角度数据 （X、Y、Z）　按轴回转时每个轴转动的角度，单位：（°）。

（9）输入旋转后再次平移坐标系基准点数据（X1、Y1、Z1）　这个数据应当在要加工的平面内，这个平面且应垂直于刀具轴。

（10）方向 "＋／－" 选择项　活动回转数据记录的第一个和第二个旋转轴横移方向的方向参考（机床运动系统）。在回转台运动系统中，设置为方向参考控制第一个旋转轴（B），并在回转的数据记录中定义。数控系统对机床运动旋转轴角度摆动范围的计算在 CYCLE800 中编程有两个可能的解决方案，通常这两个解决方案都是可行的。但是遇到上文中所示的机床结构—B 轴的摆动范围被限制在正方向一侧，这两个解决方案中就只有一个在技术上是合适的。

（11）刀具（跟随）选择项　该选项决定刀具运动过程中是否带有刀尖跟随功能。只有控制器是 840D sl 且带有五轴转换选项 TRAORI 时，此处才可以选择 "是"。

针对本书学习的注意事项

综合前文的学习，对于本书练习使用的五轴加工中心机床而言，采用 CYCLE800 回转平面 3＋2 轴定位时：

1）回转数据组 TC 统一设置为 TC1。

2）回退统一设置为最大刀具方向。

3）回转平面统一设置为新建（绝对）。

4）由于 B 轴工作台的摆动范围在 -5°～110°之间，负向摆动范围很小只有 -5°，为避免超程，在方向选项中只能选择 "＋"，即选择（方向）统一设置为正方向，这样每次加工过程中，B 轴摆角都是正向优先摆动。

5）刀具统一设置为不跟随。

6）同时要根据当前的 X、Y 坐标进行铣削位置参数定义，避免发生干涉或过切现象。

第 3 章

五轴空间变换 CYCLE800 指令
3+2 轴定位编程基础练习

本章给出的 3 个 "3+2" 加工方式练习编程与加工的零件，既具有外形结构较为简单的特征，又是最常见的零件形面特征，也是学习应用回转平面 CYCLE800 循环指令的入门题材。通过对这 3 个典型零件进行回转平面加工方向定位、加工的案例分析，结合两种常用的回转平面定位编程操作详细说明，可方便初学者对多轴机床加工中常用的 "3+2" 定向加工方式有一个系统理解。

3.1 机床刀具表的创建

加工工件必须使用切削刀具。我们首先将本章练习零件加工中所使用的刀具存储在机床系统上的刀具存储器中，以备编写程序时和实际加工中进行调用。

3.1.1 建立刀具与删除刀具

1. 创建铣刀

在系统面板上按运行模式键【OFFSET】，屏幕显示出 "刀具表" 界面。假设这时是一个空表，光标移动到刀具表的第 1 行位置（如果刀具表中已有刀具存在，首先检查所要创建的铣刀是否已经存在，如果没有这把铣刀，则光标移动到刀具表最下面的空白行），如图 3-1 所示。

图 3-1 空白的刀具表

按软键〖新建刀具〗，按软键〖优选〗，选择 "立铣刀"，按软键〖确认〗，这时光标所在行显示出一些待定信息，需要操作者确认并输入相应的参数，刀具名称：FACEMILL 63；ST：1；D：1；长度：120（加工前要进行测量；如果使用 SinuTrain for SINUMERIK Operate 软件仿真加工，可指定刀长数据，不影响仿真结果）；ϕ：63；N：4；主轴旋转方向：顺时针；冷却剂开关1：打钩。

再按软键〖新建刀具〗，按软键〖优选〗，选择 "立铣刀"，按软键〖确认〗，输入刀具的参数：刀具名称：CUTTER 12；ST：1；D：1；长度：100；ϕ：12；齿数 N：4；主轴旋转方向：顺时针；冷却剂开关1：打钩。

用同样的方法创建其他立铣刀。

2. 创建倒角刀与中心钻

在系统面板上按运行模式键【OFFSET】，光标移动到刀具表最下面的空白行，按软键〖新建刀具〗，按软键〖优选〗，选择 "中心钻"，按软键〖确认〗，输入刀具的参数：刀具名称：

CENTERDRILL 6；*ST*：1；*D*：1；长度：90（实际加工前要进行测量；仿真中可指定，不影响结果）；ϕ：6；刀尖角度：90°。

用同样的方式创建倒角刀。

3. 创建钻头

在系统面板上按运行模式键【OFFSET】，光标移动到刀具表最下面的空白行，按软键〖新建刀具〗，按软键〖优选〗，选择"麻花钻"，按软键〖确认〗，输入刀具的参数：刀具名称：DRILL 3.5；*ST*：1；*D*：1；长度：100（实际加工前要进行测量；仿真中可指定，不影响结果）；ϕ：3.5；刀尖角度保持默认值：118°。

用同样的方式创建其他钻头。

到此，完成表 3-1 中所列全部刀具，如图 3-2 所示。

表 3-1　本书练习所用刀具明细

序号	刀具名称	程序中的刀具名称	规格	刀具长度	参数
1	面铣刀	FACEMILL 63	ϕ63mm	95.01mm	刃长：5mm，刃数：6
2	立铣刀	CUTTER 12	ϕ12mm	149.23mm	刃长：32mm，刃数：4
3	立铣刀	CUTTER 8	ϕ8mm	131.10mm	刃长：20mm，刃数：3
4	倒角刀	CENTERDRILL 6	ϕ6mm	148.48mm	刃数：2
5	中心钻	CENTERDRILL 10	ϕ10mm	138.50mm	刀尖顶角：90°
6	麻花钻头	DRILL 3.5	ϕ3.5mm	137.47mm	刀尖顶角：118°
7	麻花钻头	DRILL 5	ϕ5mm	148.48mm	刀尖顶角：118°
8	麻花钻头	DRILL 6.8	ϕ6.8mm	152.50mm	刀尖顶角：118°
9	麻花钻头	DRILL 8.5	ϕ8.5mm	158.60mm	刀尖顶角：118°
10	麻花钻头	DRILL 12	ϕ12mm	195.90mm	刀尖顶角：118°

图 3-2　创建本书练习加工刀具表

4. 删除刀具

在创建的刀具表中，如果欲删除某一把刀具，则将光标移动到刀具表中这个刀具所在行上，按软键〖删除刀具〗，弹出询问对话框，按软键〖确认〗，就删除了这个刀具。

注意，建立刀具与删除刀具只是录入或移除刀具的信息。在此位置实际有刀具的情况下不建议此项操作。

3.1.2 装载刀具与卸载刀具

1. 装载刀具

在系统面板上按运行模式键【OFFSET】，屏幕显示"刀具表"界面。将光标移动到刀具"FACEMILL 63"上，按软键〖装载〗，弹出对话框，在"位置"后输入刀库位置，也可保持默认，系统会按顺序装载到刀库，按软键〖确认〗，就把 ϕ63mm 的面铣刀装入刀库中，位置在 1号，如图3-3所示。

图3-3　装载刀具的操作过程

此时刀库根据操作者确定的刀具安装刀位，自动将刀库旋转到装卸刀安装位置。

实际操作中，当刀库旋转到用户安装位置后系统会给出信息提醒，操作者要按照系统提示，进行开门、把刀具正确安装到刀库内、关门，系统会自动将刀具的信息更新到刀具表内的相应位置。

2. 卸载刀具

若要卸载主轴上的当前刀具，将光标移动到刀库中的"FACEMILL 63"上，按软键〖卸载〗，就完成对刀具的卸载。在实际操作中，刀库将要卸载的刀具旋转到用户卸载位置，操作者要按照系统提示，进行开门、把刀具从主轴上取下、关门，系统会自动将刀具表内的相关刀具信息移除。

3. 在程序中调用刀具

在系统面板上按运行模式键【PROGRAM】，在"程序管理器"中选择并打开程序，进入程序编辑界面，使光标停在程序中合适的位置行，按【INPUT】键，使光标换行，按软键〖选择刀具〗，如选中"CUTTER 12"的立铣刀，按软键〖确认〗，此时在程序的当前行位置出现"T="CUTTER 12""，换行，输入 M6（有些机床 M6 是自动编辑的，就不需要输入了），至此就完成了在程序中调用刀具的操作，如图3-4所示。

图3-4　在程序中调用刀具的操作过程

3.2　正四棱台零件的编程与加工练习

3.2.1　编程加工任务描述

如图3-5所示的正四棱台零件，底沿边长 60mm、上沿边长 44mm、棱面与设定 G17 平面的夹角为 60°。设定正四棱台上平面的中心位置为工件坐标系原点。

本练习使用摆动循环 CYCLE800 指令完成指定的正四棱台斜平面定位（即加工平面坐标系参考点定位在每一斜面上的指定位置）后，再使用平面铣削循环 CYCLE61 指令完成图示尺寸的斜平面铣削加工。为了简化学习的过程，本练习仅使用 1 把 ϕ12mm 立铣刀，选用回转台运动系统类型 P（部件）和"programGUIDE G"代码进行编程，采用 3 种不同的编程思路来完成该零件的加工。

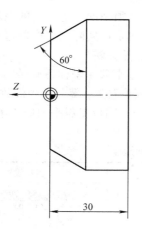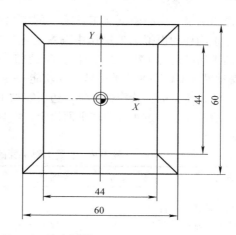

图 3-5　正四棱台零件

正四棱台斜平面铣削的加工过程见表 3-2。

表 3-2　4 个不同位置斜平面的铣削过程

"位置 1" 斜平面加工	"位置 2" 斜平面加工	"位置 3" 斜平面加工	"位置 4" 斜平面加工

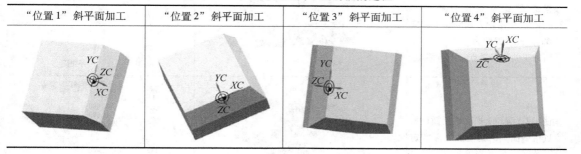

3.2.2　编程方式及过程

（1）方式 1——直接（新建回转平面）编程

1）要完成摆动循环 CYCLE800 初始化设置工作，其操作步骤及参数设定见表 3-3。

表 3-3　摆动循环 CYCLE800 初始化设置操作

设置方法	系统操作步骤	基本设置参数
在程序编辑界面中，进行摆动循环 CYCLE800 指令的初始化设置。按软键〖其它〗，按软键〖回转平面〗，按软键〖基本设置〗，出现"回转平面"对话框，将其中所有数值参数项全部清零，其他选择项目内容如右图所示，最后按软键〖确认〗	⇒〖其它〗⇒〖回转平面〗 ⇒〖基本设置〗⇒〖确认〗	回转平面 PL　G17 (XY) TC　TC1 回退　Z XY 回转平面　新建 X0　0.000 Y0　0.000 Z0　0.000 回转模式　沿轴 轴序列　X Y Z X　0.000 ° Y　0.000 ° Z　0.000 ° X1　0.000 Y1　0.000 Z1　0.000 方向　+ 刀具　不跟踪

2）初始化设置完成后，可进行工件毛坯的设定。针对图 3-5 所示的正四棱台零件，最方便的毛坯设置是选择"中心六面体"形式。本练习加工选择的毛坯是已经过加工后，符合图样外形标注尺寸的零件半成品。

这里需要说明的是：编程中创建工件毛坯的步骤不是必须做的，所建立的毛坯仅仅是为了在验证编写程序正确性的模拟加工操作中查看毛坯外形，或是在实际加工中的过程查看，以及分析零件实体加工后的内部结构，与工件的实际加工没有必然关联。

3）使用摆动循环 CYCLE800 的回转平面功能——坐标系平移 + 坐标系旋转的方式进行斜平面定向和坐标定位，将坐标位置定位在每一边所需加工平面位置上，零件图中的数字指明了 4 个斜平面加工的先后顺序。通过 4 次回转平面设定，实现 4 个不同位置斜平面的铣削编程的过程，详见表 3-4 ~ 表 3-7。

表 3-4　位置 1 斜平面的定向操作

设置方法	图示	基本设置参数
利用回转平面指定对话框进行指定偏移量和围绕旋转轴旋转角度，将"位置 1"斜平面调至机床的水平位置，且垂直于刀轴。在"回转平面"参数选项中设定编程原点沿 X 轴正方向平移 22mm，再以沿轴方式围绕 Y 轴旋转 60°。此位置即为"位置 1"斜平面加工的新参考点，不再移动	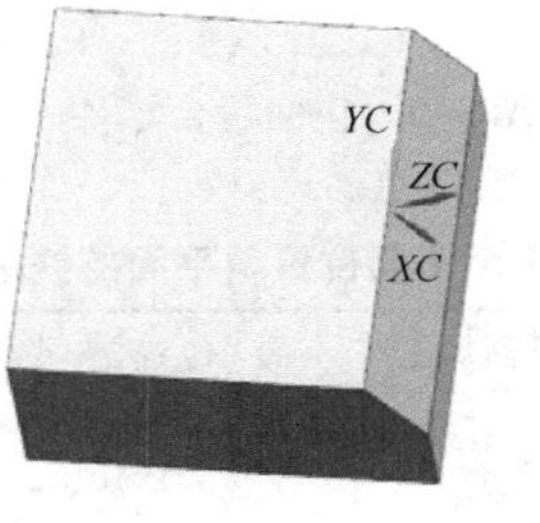	回转平面 PL　　G17 (XY) TC　　TC1 回退　　ZXY 回转平面　　　　新建 X0　　22.000 Y0　　0.000 Z0　　0.000 回转模式　　　沿轴 轴序列　　　X Y Z X　　0.000 ° Y　　60.000 ° Z　　0.000 ° X1　　0.000 Y1　　0.000 Z1　　0.000 方向　　　　　+ 刀具　　　不跟踪
使用 CYCLE61 平面铣削循环指令进行斜面 1 的铣削加工参数定义，此时要根据当前的 X、Y 坐标来进行铣削位置参数定义。输入的加工参数如图 3-6 所示	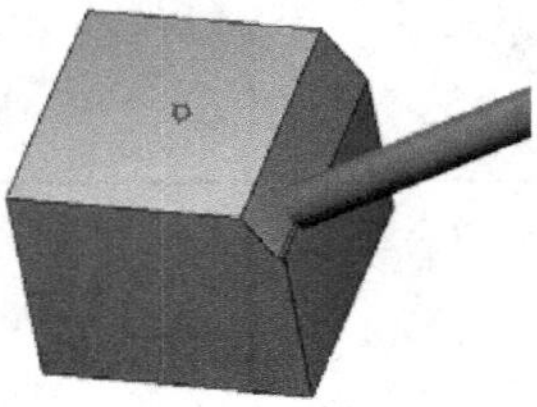	平面铣削 PL　　G17 (XY) RP　　100.000 SC　　12.000 F　　2000.000 加工　　　　　▽ 方向　　　　　刪 X0　　-5.000 Y0　　-40.000 Z0　　10.000 X1　　16.000 abs Y1　　80.000 inc Z1　　0.000 abs DXY　　5.000 inc DZ　　5.000 UZ　　0.000

表 3-5　"位置 2"斜平面定向操作

设置方法	图示	基本设置参数
新建回转平面。"刀具"方式采用"不跟踪"形式，避免出现加工"位置 1"斜面后，刀具随"位置 2"斜平面一起随机床旋转轴的摆动进行"时时"位置跟随，产生机床坐标轴超程或和工件产生干涉。在"回转平面"参数选项中设定编程原点沿 Y 轴负方向平移 -22mm，再以沿轴方式围绕 X 轴旋转 60°。此位置即为"位置 2"斜平面加工的新参考点，不再移动	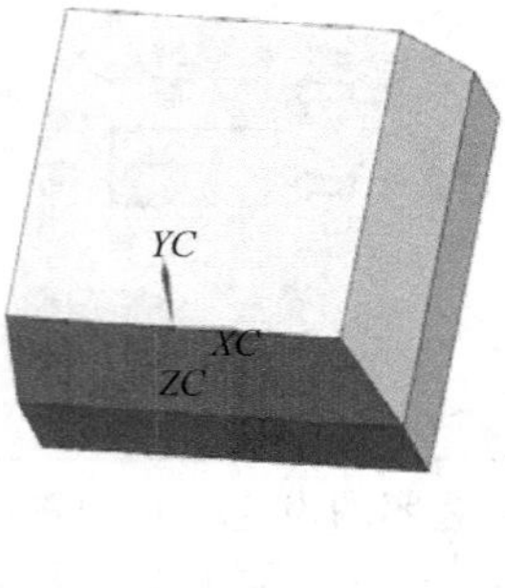	回转平面 PL　　G17 (XY) TC　　TC1 回退　　最大刀具方向 回转平面　　　　新建 X0　　0.000 Y0　　-22.000 Z0　　0.000 回转模式　　　沿轴 轴序列　　　X Y Z X　　60.000 ° Y　　0.000 ° Z　　0.000 ° X1　　0.000 Y1　　0.000 Z1　　0.000 方向　　　　　+ 刀具　　　不跟踪

（续）

设置方法	图示	基本设置参数
使用 CYCLE61 平面铣削循环指令进行"位置 2"斜平面的铣削加工程序参数定义。此时也要注意回转平面定位后实际的 X、Y 轴的坐标指向，根据实际的坐标指向方向进行平面铣削位置参数的定义 输入的加工参数可以参照图3-6所示的刀路轨迹和表 3-4 中的数据，节约编程时间		平面铣削 PL　　G17 (XY) RP　　100.000 SC　　12.000 F　　2000.000 加工 方向　　　　▽　中 X0　　-40.000 Y0　　5.000 Z0　　10.000 X1　　80.000　inc Y1　　-16.000　abs Z1　　0.000　abs DXY　　5.000　inc DZ　　5.000 UZ　　0.000

表 3-6　"位置 3"斜平面定向操作

设置方法	图示	基本设置参数
新建回转平面，"刀具"方式采用"不跟踪"形式 在"回转平面"参数选项中设定编程原点沿 X 轴负方向平移 22mm，再以沿轴方式围绕 Y 轴旋转 -60°。此位置即为"位置 3"斜平面加工的新参考点，不再移动	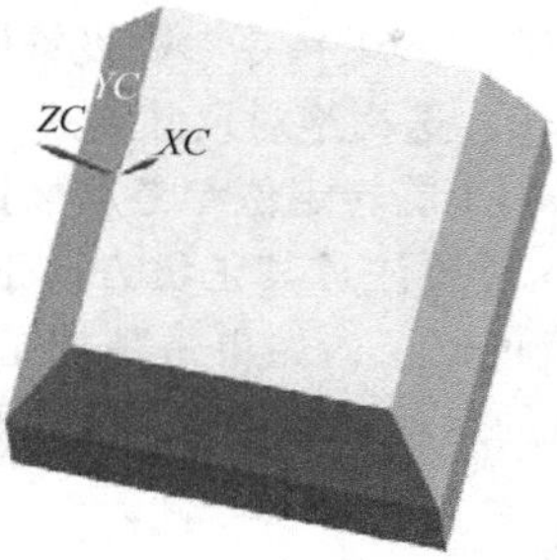	回转平面 PL　　G17 (XY) TC　　　　　　TC1 回退　　最大刀具方向 回转平面　　　　新建 X0　　-22.000 Y0　　0.000 Z0　　0.000 回转模式　　　沿轴 轴序列　　　X Y Z X　　0.000 ° Y　　-60.000 ° Z　　0.000 ° X1　　0.000 Y1　　0.000 Z1　　0.000 方向　　　　　　+ 刀具　　　　不跟踪
使用 CYCLE61 平面铣削循环指令进行"位置 3"斜平面的铣削加工程序参数定义 输入的加工参数可以参照图3-6所示的刀路轨迹和表 3-4 中的数据		平面铣削 PL　　G17 (XY) RP　　100.000 SC　　12.000 F　　2000.000 加工 方向　　　　▽　凹 X0　　5.000 Y0　　-40.000 Z0　　10.000 X1　　-16.000　abs Y1　　80.000　inc Z1　　0.000　abs DXY　　5.000　inc DZ　　5.000 UZ　　0.000

表 3-7　"位置 4"斜平面定向操作

设置方法	图示	基本设置参数
新建回转平面，"刀具"方式采用"不跟踪"形式 在"回转平面"参数选项中设定编程原点沿 Y 轴正方向平移 22mm，再以沿轴方式围绕 X 轴旋转 -60°。此位置即为"位置 4"斜平面加工的新参考点，不再移动	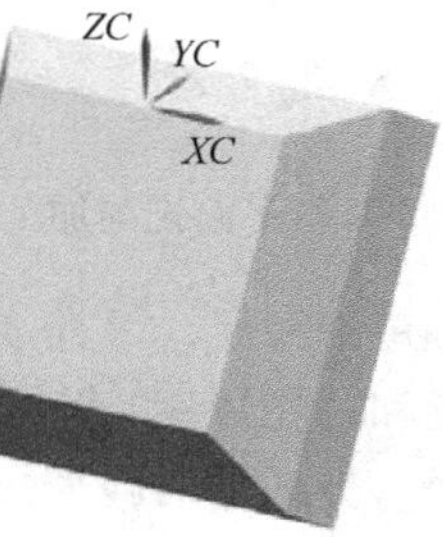	回转平面 PL　　G17 (XY) TC　　　　　　TC1 回退　　最大刀具方向 回转平面　　　　新建 X0　　0.000 Y0　　22.000 Z0　　0.000 回转模式　　　沿轴 轴序列　　　X Y Z X　　-60.000 ° Y　　0.000 ° Z　　0.000 ° X1　　0.000 Y1　　0.000 方向　　　　　　+ 刀具　　　　不跟踪

（续）

设置方法	图示	基本设置参数
使用 CYCLE61 平面铣削循环指令进行"位置4"斜平面的铣削加工程序参数定义 输入的加工参数可以参照图3-6所示的刀路轨迹和表 3-4 中的数据	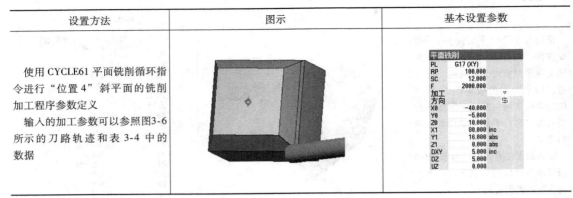	平面铣削 PL G17 (XY) RP 100.000 SC 12.000 F 2000.000 加工 方向 ↓ X0 -40.000 Y0 -5.000 X1 10.000 X1 80.000 inc Y1 16.000 abs Z1 0.000 abs DXY 5.000 inc DZ 5.000 UZ 0.000

铣削平面的定向操作在通常情况下，采取坐标系"平移—旋转—平移"3个步骤。即首先平移 WCS（工件坐标系），然后围绕新参考点旋转 WCS，回转后在新建的回转平面上平移 WCS 至指定位置。本零件仅需要前两步即可完成加工坐标系的定向工作。

4）位置 1 斜平面的平面铣削循环 CYCLE61 指令参数设置说明如图 3-6 所示。铣削平面面积为 16mm×60mm；$SC = 5$；$Z0 = 7$，$Z1 = 0$。选择绝对尺寸方式（abs）则比较直观，因为 $Z1$ 是斜平面 1 加工完成的平面位置，也是斜平面 1 旋转定位参考点位置所在平面；若选择 $Z1 = -7$，选择相对尺寸方式（inc）也是可以的，这时要注意其正负方向不要输错。由于是粗加工，刀具的切削范围只要保证能够覆盖铣削平面就可以了，如果是精加工表面，刀具在进刀方向上应超出工件表面的长度尺寸，此时应注意刀具的运动不能与夹具发生干涉。

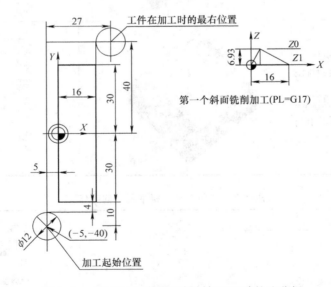

图 3-6　"位置 1"斜平面铣削加工刀路轨迹分析

5）在完成"位置 1"斜平面加工程序编写后，可直接利用"回转平面"选项进行"位置 2"斜平面的定位、"位置 3"斜平面的定位和"位置 4"斜平面的定位。

6）方式 1——直接（新建回转平面）方式下的斜平面铣削加工的参考程序清单见表 3-8。

表 3-8　方式 1——斜平面铣削加工的参考程序清单

段号	程序	注释
N10	CYCLE800（1,"0", 200000, 57, 22, 0, 0, 0, 30, 0, 0, 0, 0, 1, 100, 1）	将摆台初始化设置
N20	T = " CUTTER 12"	调用 ϕ12mm 立铣刀
N30	M6	
N40	G54	设置工艺参数
N50	S5000M03	
N60	WORKPIECE（,"",, "BOX", 0, 0, -50, -80, -30, -30, 60, 60）	设置模拟加工毛坯
N70	CYCLE800（4,"TC1", 200000, 57, 22, 0, 0, 0, 60, 0, 0, 0, 0, 1, 100, 1）	定位到"位置1"处
N80	CYCLE61（100, 10, 12, 0, -5, -40, 16, 80, 5, 5, 0, 2000, 41, 0, 1, 1000）	铣削"位置1"斜面
N90	CYCLE800（4,"TC1", 200000, 57, 0, -22, 0, 60, 0, 0, 0, 0, 1, 100, 1）	定位到"位置2"处
N100	CYCLE61（100, 10, 12, 0, -40, 5, 80, -16, 5, 5, 0, 2000, 31, 0, 1, 10000）	铣削"位置2"斜面
N110	CYCLE800（4,"TC1", 200000, 57, -22, 0, 0, -60, 0, 0, 0, 0, 1, 100, 1）	定位到"位置3"处
N120	CYCLE61（100, 10, 12, 0, -40, -16, 80, 5, 5, 5, 0, 2000, 41, 0, 1, 1000）	铣削"位置3"斜面
N130	CYCLE800（4,"TC1", 200000, 57, 0, 22, 0, -60, 0, 0, 0, 0, 1, 100, 1）	定位到"位置4"处
N140	CYCLE61（100, 10, 12, 0, -40, -5, 80, 16, 5, 5, 0, 2000, 31, 0, 1, 10000）	铣削"位置4"斜面
N150	M5	
N160	CYCLE800（4,"TC1", 200000, 57, 0, 0, 0, 0, 0, 0, 0, 0, 1, 100, 1）	将摆台恢复到初始设置状态
N170	M30	程序结束

注：N10 语句是摆动循环 CYCLE800 回转平面的初始设定。其意义在于实际加工过程中，中途停机或执行完带有摆动循环 CYCLE800 回转平面定位的加工程序，机床会停止在指定回转平面位置，未能恢复到旋转轴初始位置。再次启动加工程序后，系统会将最后停机位置作为初始参考基准位置进行计算，这样会产生后续回转平面定义角度参数的累计，造成角度定位不正确。

（2）方式 2——立体角编程

1）分析图 3-5 中零件的几何形状，4 个斜平面尺寸与形状完全一致。在编程过程中可以考虑采用完全相同的铣削循环来完成加工，减少编程过程中的相互位置计算及减少分析坐标平移后的 X、Y 轴旋转方向。此时，可以利用摆动循环 CYCLE800 的回转平面功能中的"立体角"回转模式来进行参数设定与编制程序。

所谓立体角，是指一个空间夹角是在原始坐标系基础上，通过沿两坐标轴（Z 轴、Y 轴）旋转后形成的空间角度。

立体角的应用原则：工件坐标系首先围绕 Z 轴进行指定角度旋转，再围绕 Y 轴进行指定角度旋转。实现立体角回转工作台方式的参数设置见表 3-9。

表 3-9　立体角回转工作台方式的参数设置

回转平面参数设置	α 角、β 角旋转过程
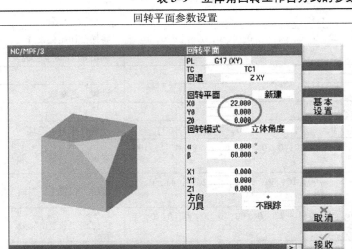	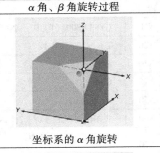坐标系的 α 角旋转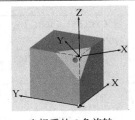坐标系的 β 角旋转

2）根据立体角的应用原则，结合当前工件零点的位置，首先进行工件坐标系零点的平行偏移，再进行立体角的坐标变换。工件坐标系的平行偏移可通过 X0、Y0、Z0 的实际坐标偏移量来进行设定。坐标系平移参数设定后进行 α 角（围绕 Z 轴旋转角度）的设定，α 角参数确定以后，再进行 β 角（围绕 Y 轴旋转角度）的设定。采用立体角的方法编写加工正四棱台加工中坐标系转换的过程，见表 3-10。

表 3-10　采用立体角编程方法的坐标系转换过程

"位置 1" 斜平面	"位置 2" 斜平面	"位置 3" 斜平面	"位置 4" 斜平面
坐标系沿 X 轴正向平移 22mm；Z 轴先旋转 0°；再绕 Y 轴旋转 60°	坐标系沿 Y 轴负向平移 22mm；Z 轴先旋转 270°；再绕 Y 轴旋转 60°	坐标系沿 X 轴负向平移 22mm；Z 轴先旋转 180°；再绕 Y 轴旋转 60°	坐标系沿 Y 轴正向平移 22mm；Z 轴先旋转 90°；再绕 Y 轴旋转 60°

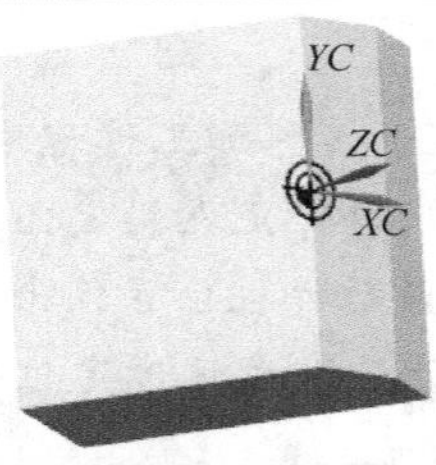

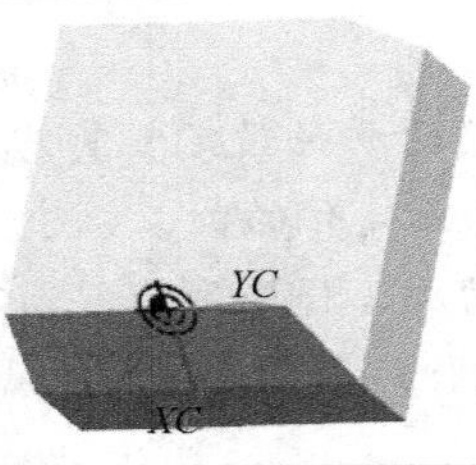

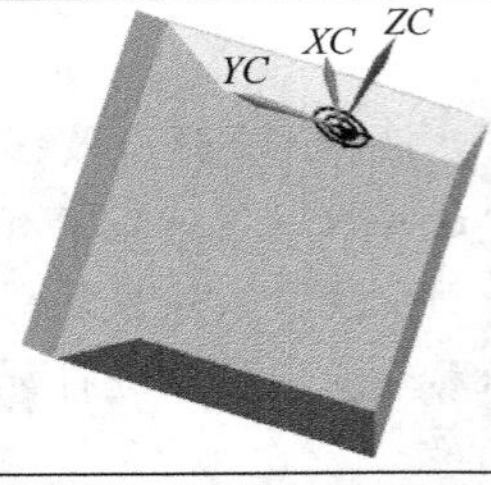

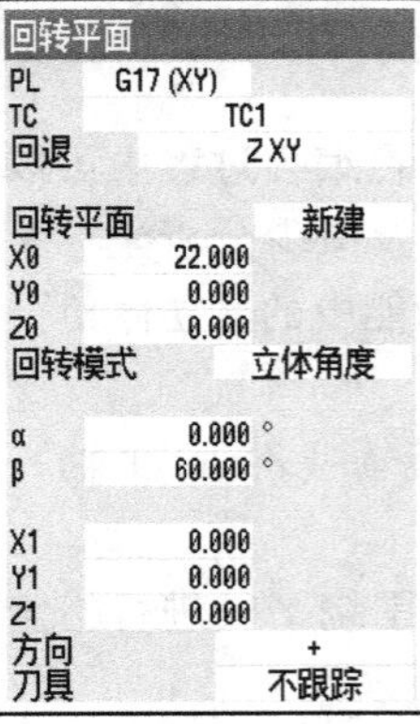

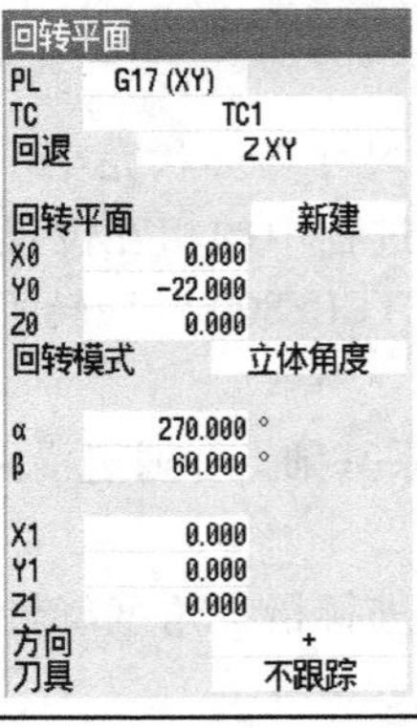

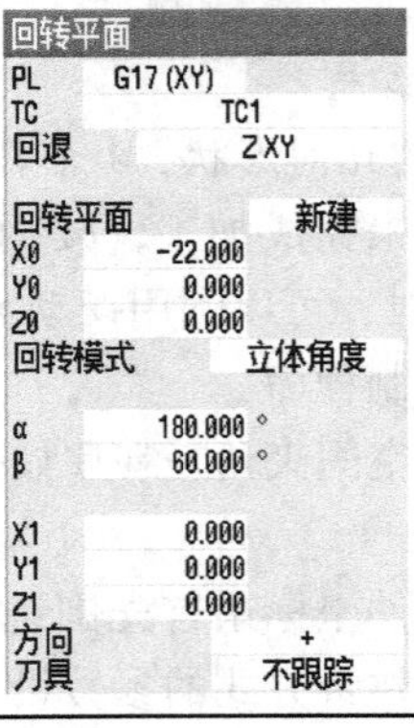

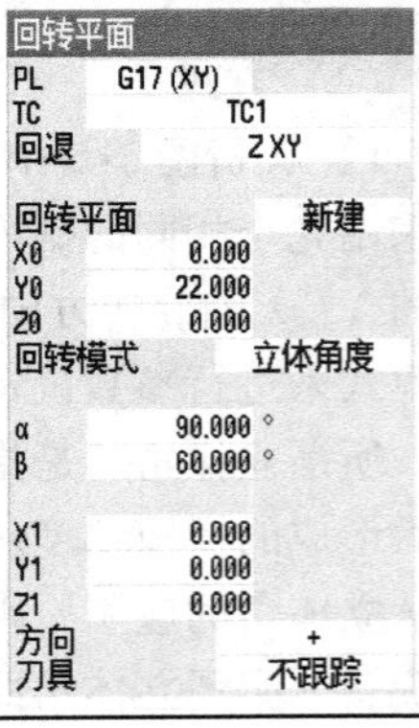

3）对本练习而言，由于正四棱台的斜平面形状完全一样，加工坐标方向及策略全一样，故斜平面铣削编程的基本方法相同。平面铣削程序段编程较为简单，可直接通过复制、粘贴程序段的方式完成。4 个斜平面的平面铣削坐标轴的变换等操作也简化了。"立体角"转换方式下的平面铣削参数设定如图 3-7 所示。

4）方式 2——采用"立体角"转换方式下的斜面铣削加工的参考程序清单见表 3-11。

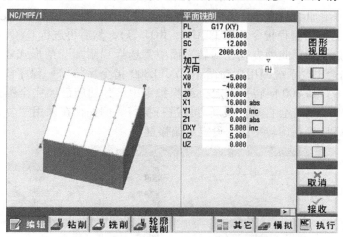

图 3-7 "立体角"转换方式下的平面铣削参数设定

表 3-11 立体角编程方式加工程序参考

段号	程序	注释
N10	CYCLE800（2，"TC1"，200000，57，0，0，0，0，0，0，0，0，0，1，100，1）	将摆台初始化设置
N20	T = " CUTTER 12"	调用 φ12mm 立铣刀
N30	M6	
N40	G54	设置工艺参数
N50	S5000M3	
N60	WORKPIECE（，""，，"BOX"，0，0，-80，-80，-30，-30，60，60）	设置模拟加工毛坯
N70	CYCLE800（2，"TC1"，200000，64，22，0，0，0，60，，0，0，0，1，100，1）	定位到"位置 1"处
N80	CYCLE61（100，10，12，0，-5，-40，16，80，5，6，0，2000，41，0，1，1000）	铣削"位置 1"斜面
N90	CYCLE800（2，"TC1"，100000，64，0，-22，0，270，60，0，0，0，-1，100，1）	定位到"位置 2"处
N100	CYCLE61（100，10，12，0，-5，-40，16，80，5，6，0，2000，41，0，1，1000）	复制铣削"位置 1"斜面
N110	CYCLE800（2，"TC1"，100000，64，-22，0，0，180，60，，0，0，0，-1，100，1）	定位到"位置 3"处
N120	CYCLE61（100，10，12，0，-5，-40，16，80，5，6，0，2000，41，0，1，1000）	复制铣削"位置 1"斜面
N130	CYCLE800（2，"TC1"，100000，64，0，22，0，90，60，，0，0，0，-1，100，1）	定位到"位置 4"处
N140	CYCLE61（100，10，12，0，-5，-40，16，80，5，6，0，2000，41，0，1，1000）	复制铣削"位置 1"斜面
N150	M5	
N160	CYCLE800（2，"TC1"，200000，57，0，0，0，0，0，0，0，0，0，1，100，1）	将摆台恢复到初始设置
N170	M30	程序结束

> **说明：** 由于所加工的每个正棱台斜平面的尺寸与指令参数一样，为了加快编写程序的速度，不用每次都要进入对话界面填入参数数据，再生成程序，在编写 N100、N120 和 N140 语句时，可以直接复制前面的 N80 程序段粘贴在当前位置使用。

（3）方式3——附加功能编程　在常规编程中，初学者一般的思路都是先进行工件坐标系的偏移（基础编程中的框架编程指令，如 TRANS、ROT 等），然后再进行 CYCLE800 的立体角旋转定位。需要说明的是，利用此种方式在回转平面中需选择"附加"的形式才能正确完成定位加工（图3-8），否则会出现系统调用摆动循环 CYCLE800 指令后将前一程序段的偏移指令自动替换撤销。这是因为 CYCLE800 回转平面定位编程指令中，其功能已经完全覆盖（包含）基础编程中的框架编程指令，系统会自动按最新方式进行执行。例如，在采用"立体角"定位编程方式中，工件零点坐标已经在回转平面内设定了偏移量。

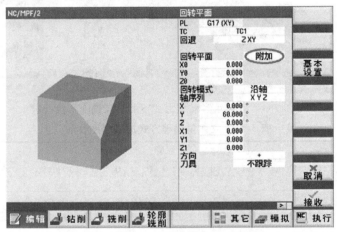

图3-8　附加方式回转平面参数定义

采用"附加"功能方式编写的四棱台斜面铣削程序见表3-12。

表3-12　采用"附加"功能方式编写的四棱台斜平面铣削程序

段号	程序	注释
	……	
N50	TRANS X22	坐标系平移指令，工件零点向 X 轴正方向偏移 22mm
N60	CYCLE800 (2,"TC1", 200001, 57, 0, 0, 0, 0, 60, 0, 0, 0, 0, 1, 100, 1)	沿 Y 轴旋转60°，定向于斜面1
N70	CYCLE61 (100, 10, 12, 0, −5, −40, 16, 80, 5, 6, 0, 2000, 41, 0, 1, 1000)	铣削斜面1
N80	TRANS	取消平面坐标平移
N90	CYCLE800 (2,"TC1", 200000, 57, 0, 0, 0, 0, 0, 0, 0, 0, 0, 1, 100, 1)	回转平面进行初始化参数设定
N100	TRANS Y −22	坐标系平移指令，工件零点向 Y 轴负方向偏移 22mm
	……	

注：第一个斜平面加工完成后要进行1次回转平面的初始设置，清除系统内部回转数据参数，见 N90 程序语句。

虽然此编程方式分步骤进行坐标转换比较直观，但是不建议采取此种编程方式，因为摆动循环 CYCLE800 指令已经将框架指令集成到其内部了。

3.3　正四方凸台圆形腔与侧面孔零件的编程与加工练习

本加工练习要应用摆动循环 CYCLE800 回转平面进行 "3 + 2" 定位加工方式，完成正四方凸台、圆形腔的外形加工，并进行轮廓周边和孔口的倒角加工。

3.3.1　编程加工任务描述

如图 3-9 所示的正四方凸台圆形腔与侧面孔零件是在材质为 2A12 的 $\phi 90mm$ 圆柱毛坯上，加工出尺寸为 $60mm \times 60mm \times 25mm$ 的正方凸台，中心处有 1 个 $\phi 45mm$，深 25mm 的圆形腔，并在凸台的 4 个侧面上各加工 1 个 $\phi 12mm$ 通孔。在凸台边沿和 $\phi 45mm$ 圆形腔边沿倒角 C1。本零件使用摆动循环 CYCLE800 指令进行 "3 + 2" 定向加工，利用凸台铣削、圆形腔铣削循环和钻孔循环指令完成加工。为了简化学习的过程，本练习只进行外形尺寸的粗加工。加工使用 3 把刀具，分别为 $\phi 12mm$ 立铣刀、$\phi 12mm$ 麻花钻头和 $\phi 6mm$ 倒角刀。

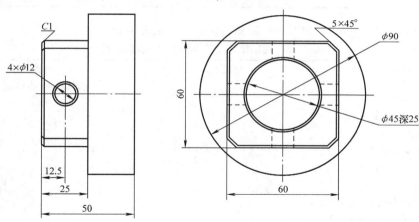

图 3-9　正四方凸台圆形腔与侧面孔零件

正四方凸台圆形腔与侧面孔及边沿倒角铣削的加工过程见表 3-13。

表 3-13　正四方凸台圆形腔与侧面孔及边沿倒角的铣削过程

铣削四方外轮廓	铣削 $\phi 45mm$ 的孔	钻削 $\phi 12mm$ 的孔	边沿倒角
$\phi 12mm$ 立铣刀 T = CUTTER 12	$\phi 12mm$ 立铣刀 T = CUTTER 12	$\phi 12mm$ 麻花钻头 T = DRILL 12	$\phi 6mm$ 倒角刀 T = DRILL 6

3.3.2 编程方式及过程

1. 铣削四方凸台

1）新建程序，设置毛坯，其操作过程见表 3-14。

表 3-14 新建程序，设置毛坯

设置方法	按键操作步骤	基本设置参数
在程序编辑界面，按软键〖新建〗再按软键〖programGUIDE G 代码〗，输入名称"prog3"，按软键〖确认〗	新建 ⇒ programGUIDE G代码 ⇒ 确认	新建G代码程序 类型　　主程序MPF 名称　prog3
基本设置完成后建立毛坯，按软键〖其它〗，按软键〖毛坯〗，设置 φ90mm×50mm 的毛坯	其它 ⇒ 毛坯	毛坯输入 毛坯　　圆柱体 ∅A　　90.000 HA　　0.000 HI　　-50.000 inc

2）先进行 1 次摆动循环 CYCLE800 的初始化操作，见表 3-15。

表 3-15 摆动循环 CYCLE800 的基本设置

设置方法	操作步骤	设置参数
在程序编辑界面，按软键〖其它〗，按软键〖回转平面〗出现图回转平面界面，按软键〖基本设置〗，实现回转平面参数所有设定数据的全部清零（基本设置参数） 注意：回退一定要选择"最大刀具方向"，沿 Z 轴回退到刀具最大位置	其它 基本设置 ⇒ 回转平面 ⇒	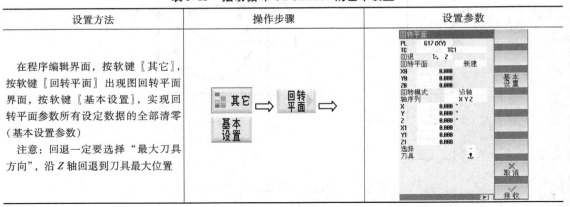

在通常情况下，工作台回转平面的设定采取"平移—旋转—平移"的步骤。首先旋转前平移 WCS（工件坐标系），然后围绕新参考点旋转 WCS，回转后在新回转平面上平移 WCS。但在程序开始时要先进行初始化操作。

3）调用 φ12mm 立铣刀（图 3-10）。

图 3-10 程序中调用刀具的操作过程

再手动输入
M6；
S5000M3；
G54G90G0X0Y0M8。

4）创建 60mm×60mm 凸台轮廓和 φ90mm 圆轮廓的加工程序块，见表 3-16。

表 3-16　轮廓参数的设置

设置方法	操作步骤	基本设置参数
按软键〖轮廓铣削〗，按软键〖轮廓〗，按软键〖新建轮廓〗，输入名字"Q1"，按软键〖接收〗，画出 φ90mm 的圆 在"圆弧"对话框中，白色高亮显示的是要输入的参数，浅灰色的是系统计算后自然出现的	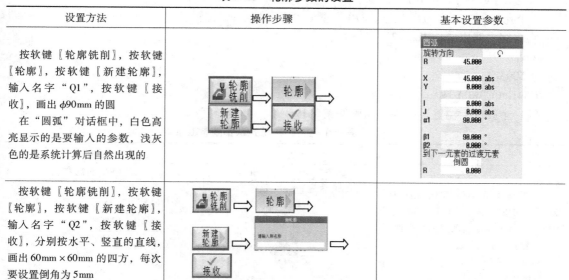	圆弧 旋转方向　　　　　　↻ R　　　　45.000 X　　　　45.000 abs Y　　　　0.000 abs I　　　　0.000 abs J　　　　0.000 abs α1　　　90.000 ° β1　　　90.000 ° β2　　　0.000 ° 到下一元素的过渡元素 　　倒圆 R　　　　0.000
按软键〖轮廓铣削〗，按软键〖轮廓〗，按软键〖新建轮廓〗，输入名字"Q2"，按软键〖接收〗，分别按水平、竖直的直线，画出 60mm × 60mm 的四方，每次要设置倒角为 5mm	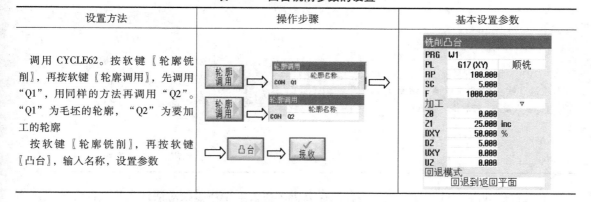	

5）使用 CYCLE62 调用指令、CYCLE63 循环指令进行四方凸台的铣削，见表 3-17。

表 3-17　凸台铣削参数的设置

设置方法	操作步骤	基本设置参数
调用 CYCLE62。按软键〖轮廓铣削〗，再按软键〖轮廓调用〗，先调用"Q1"，用同样的方法再调用"Q2"。"Q1"为毛坯的轮廓，"Q2"为要加工的轮廓 按软键〖轮廓铣削〗，再按软键〖凸台〗，输入名称，设置参数	轮廓调用 → CON Q1　轮廓名称 → 轮廓调用 → CON Q2　轮廓名称 → → 凸台 → 接收	铣削凸台 PRG　W1 PL　　G17(XY)　　顺铣 RP　　100.000 SC　　5.000 F　　　1000.000 加工　　　　　　　▽ Z0　　0.000 Z1　　25.000 inc DXY　50.000 % DZ　　5.000 UXY　0.000 UZ　　0.000 回退模式 回退到返回平面

2. 使用圆形腔铣削循环 POCKET4 指令铣削 φ40mm 圆形腔（表 3-18）

表 3-18　圆形腔铣削参数的设置

设置方法	操作步骤	设置参数
按软键〖铣削〗，按软键〖型腔〗，按软键〖圆形腔〗，在"圆形腔"对话框中设置参数，"下刀方式"选"螺线"	铣削 → 圆形腔 → 型腔 → 接收 →	圆形腔 输入　　　　　　　完全 PL　　G17(XY)　　顺铣 RP　　100.000 SC　　5.000 F　　　1000.000 加工　　　　　　　▽ 　　　　平面式 　　　　单独位置 X0　　0.000 Y0　　0.000 Z0　　0.000 ∅　　0.000 Z1　　25.000 inc DXY　50.000 % DZ　　5.000 UXY　0.000 UZ　　0.000 下刀方式　　　　　螺线 EP　　2.000 ER　　2.000 扩孔加工　　5，无扩孔加工

3. 钻削 4 个 ϕ12mm 通孔

4 个孔的加工顺序为 0°位置、270°位置、180°位置、90°位置。

在程序中调用"DRILL 12"，并输入

M6；

S1500M3；

G54G90G0X0Y0M8。

第一个孔（0°位置）的加工编程见表 3-19。

表 3-19　第一个孔（0°）位置及钻削参数设置

设置方法	图示	设置参数
调用摆动循环 CYCLE800，在程序编辑界面中按软键〖其它〗选项，按软键〖回转平面〗出现"回转平面"界面，输入图中的参数 坐标 X 平移 30 Y 轴旋转 90° X 轴平移 12.5 加工坐标系在孔口平面中心处	其它 ⇒ 回转平面	回转平面 PL　　G17(XY) TC　　　TC1 回退　　　否 回转平面　　　新建 X0　　30.000 Y0　　0.000 Z0　　0.000 回转模式　　　沿轴 轴序列　　　X Y Z X　　0.000　° Y　　90.000　° Z　　0.000　° X1　　12.500 Y1　　0.000 Z1　　0.000 选择 刀具
输入 X0Y0，指定钻孔位置 按软键〖钻削〗，再按软键〖钻削铰孔〗，输入参数，按软键〖接收〗	钻削 ⇒ 钻削铰孔	钻削 输入　　　完全 PL　　G17(XY) RP　　100.000 SC　　5.000 　　　单独位置 Z0　　0.000 　　　刀杆 Z1　　15.000 inc 孔定位　　　否 底部钻削　　　否 DT　　0.600 s

钻孔深度如图 3-11 所示，经对零件图样分析，在钻削循环参数对话框中将钻深方式设定为"刀杆"，钻孔深度取 12mm，足以保证钻通。

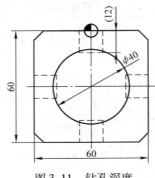

图 3-11　钻孔深度

第二个孔（270°位置）的加工见表 3-20。

表 3-20　第二个孔（270°）位置及钻削参数设置

设置方法	图示	设置参数
调用 CYCLE800，在程序编辑界面中按软键〖其它〗选项，按软键〖回转平面〗出现"回转平面"界面，输入参数 坐标 Y 平移 – 30 X 轴旋转 90° Y 轴平移 – 12.5 加工坐标系在孔口平面中心处	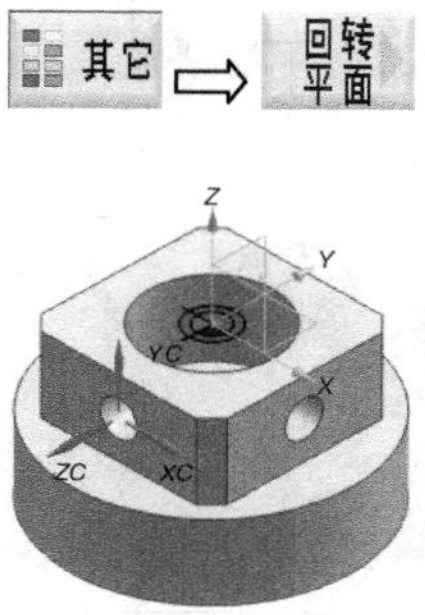 〖其它〗 ⟹ 回转平面	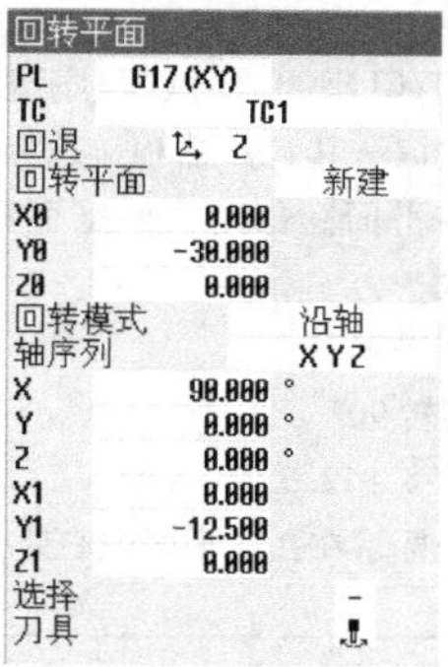 回转平面 PL　　　　　　G17 (XY) TC　　　　　　　TC1 回退　　　　　　↺, Z 回转平面　　　　　　新建 X0　　　　0.000 Y0　　　－30.000 Z0　　　　0.000 回转模式　　　　　沿轴 轴序列　　　　　X Y Z X　　　　90.000 ° Y　　　　 0.000 ° Z　　　　 0.000 ° X1　　　　0.000 Y1　　 －12.500 Z1　　　　0.000 选择 刀具　　　　　　　↧
输入 X0Y0，指定钻孔位置 按软键〖钻削〗，再按软键〖钻削铰孔〗，输入参数，按软键〖接收〗	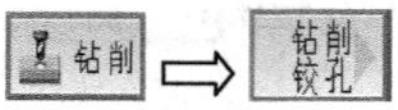 钻削 ⟹ 钻削铰孔	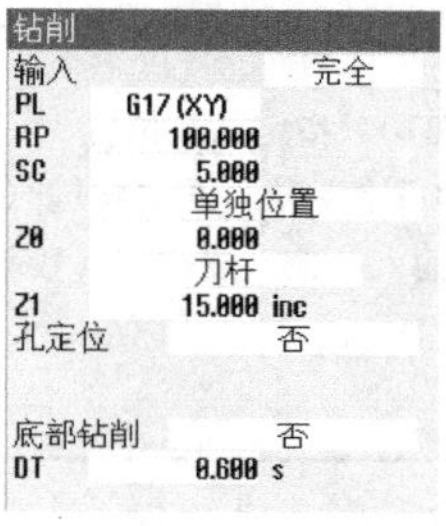 钻削 输入　　　　　　完全 PL　　　G17 (XY) RP　　　100.000 SC　　　　5.000 　　　　　　单独位置 Z0　　　　0.000 　　　　　　刀杆 Z1　　 15.000 inc 孔定位　　　　　　否 底部钻削　　　　　否 DT　　　0.600 s

第三个孔（180°位置）的加工见表 3-21。

表 3-21　第三个孔（180°）位置及钻削参数设置

设置方法	图示	设置参数
调用 CYCLE800，在程序编辑界面中按软键〖其它〗选项，按软键〖回转平面〗出现"回转平面"界面，输入参数 坐标 X 平移 – 30 Y 轴旋转 – 90° X 轴平移 – 12.5 加工坐标系在孔口平面中心处	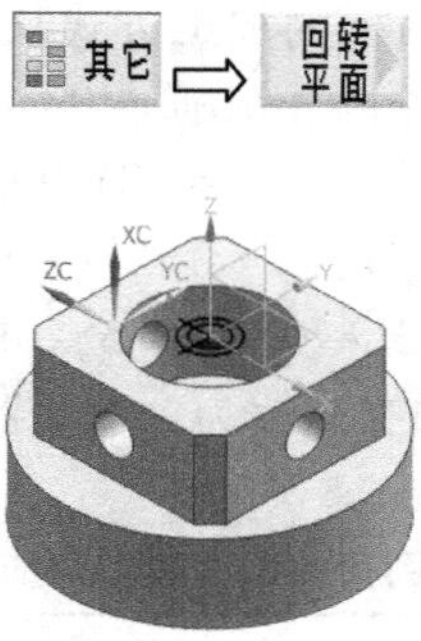 〖其它〗 ⟹ 回转平面	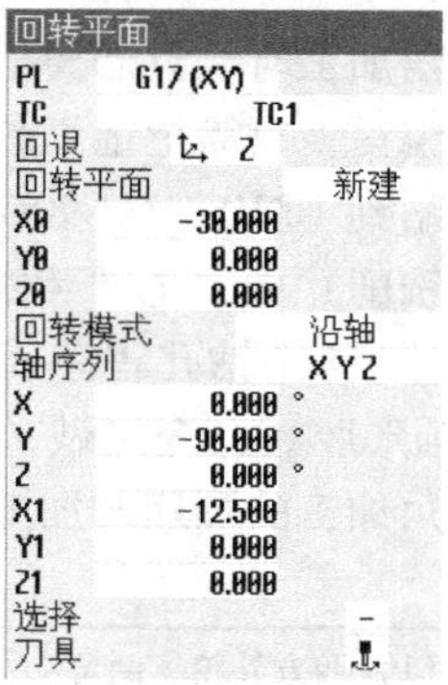 回转平面 PL　　　　　　G17 (XY) TC　　　　　　　TC1 回退　　　　　　↺, Z 回转平面　　　　　　新建 X0　　　－30.000 Y0　　　　0.000 Z0　　　　0.000 回转模式　　　　　沿轴 轴序列　　　　　X Y Z X　　　　 0.000 ° Y　　　－90.000 ° Z　　　　 0.000 ° X1　　 －12.500 Y1　　　　0.000 Z1　　　　0.000 选择 刀具　　　　　　　↧
输入 X0Y0，指定钻孔位置 按软键〖钻削〗，再按软键〖钻削铰孔〗，输入参数，按软键〖接收〗	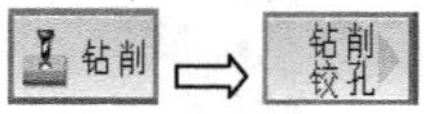 钻削 ⟹ 钻削铰孔	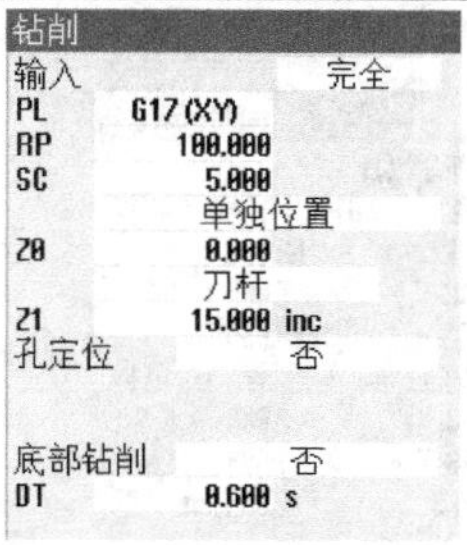 钻削 输入　　　　　　完全 PL　　　G17 (XY) RP　　　100.000 SC　　　　5.000 　　　　　　单独位置 Z0　　　　0.000 　　　　　　刀杆 Z1　　 15.000 inc 孔定位　　　　　　否 底部钻削　　　　　否 DT　　　0.600 s

第四个孔（90°位置）的加工见表 3-22。

表 3-22　第四个孔（90°）位置及钻削参数设置

设置方法	图示	设置参数
调用 CYCLE800，通过程序编辑界面中按软键【其它】选项，选择按软键【回转平面】出现回转平面界面，输入参数 坐标 Y 平移 30 X 轴旋转 90° Y 轴平移 −12.5 加工坐标系在孔口平面中心处	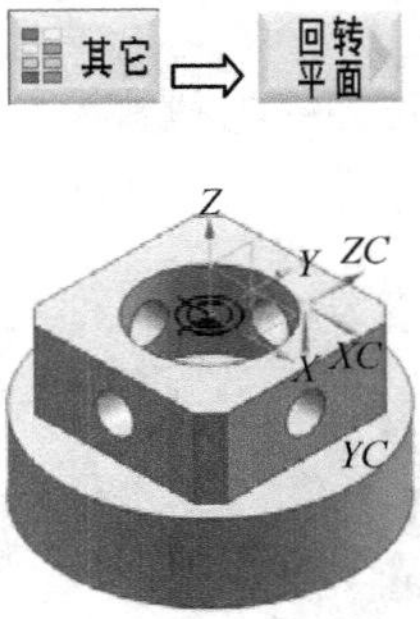 其它 ⟹ 回转平面 Z Y ZC X XC YC	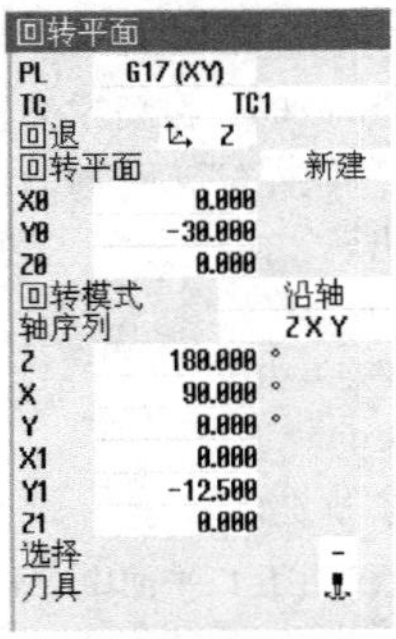 回转平面 PL　　　　G17 (XY) TC　　　　　TC1 回退　　　　tz, z 回转平面　　　　新建 X0　　　　0.000 Y0　　　　−30.000 Z0　　　　0.000 回转模式　　　沿轴 轴序列　　　Z X Y Z　　　180.000 ° X　　　 90.000 ° Y　　　　0.000 ° X1　　　　0.000 Y1　　　−12.500 Z1　　　　0.000 选择 刀具
输入 X0Y0，指定钻孔位置 按软键【钻削】，再按软键【钻削铰孔】，输入参数，按软键【接收】	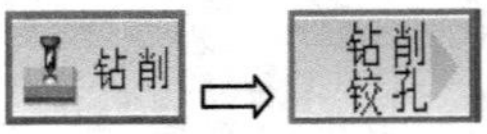 钻削 ⟹ 钻削铰孔	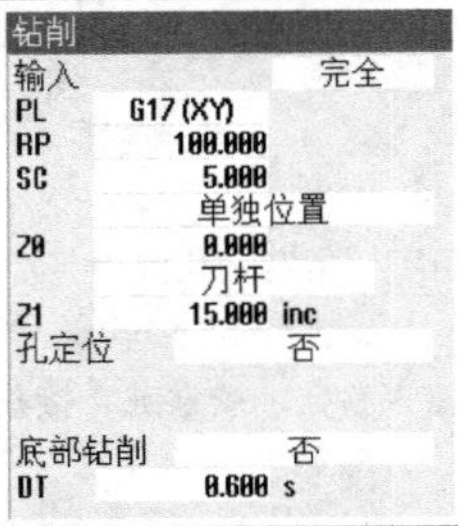 钻削 输入　　　　完全 PL　　　　G17 (XY) RP　　　100.000 SC　　　　5.000 　　　　单独位置 Z0　　　　0.000 　　　　刀杆 Z1　　　15.000 inc 孔定位　　　　否 底部钻削　　　　否 DT　　　　0.600 s

4. 边沿倒角加工

在程序中调用倒角刀 T = CENTERDRILL 6，并输入

N310　　M6；

N310　　S1500M3；

N310　　G54G90G0X0Y0M8。

倒角加工时，只需要把"铣削"对话框的加工方式从"粗加工"改为"倒角"，所以不需要重新编写，只需把前面铣削四方形外轮廓、铣削 φ40mm 圆形腔、钻削 φ12mm 孔的程序全复制，粘贴到 N310 G54G90G0X0Y0M8 之后。进入到 CYCLE63（凸台铣削）、POCKET4（φ40mm 圆形腔铣削）中，把"粗加工"改为"倒角"。

另外，4 个钻孔程序 X0Y0，CYCLE82（100，0，5，，15，0.6，10，1，11），替换为 POCKET4【圆形腔】命令来做，同样把"粗加工"改为"倒角"。

倒角加工的顺序与加工参数见表 3-23。

表 3-23　倒角加工的顺序与加工参数

（1）四方外轮廓倒角	（2）φ40mm 孔沿倒角	（3）4 个 φ12mm 孔倒角
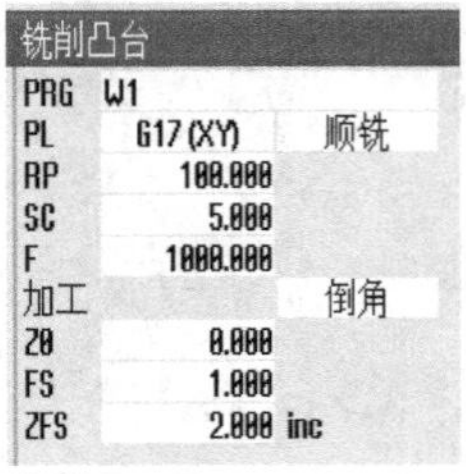 铣削凸台 PRG　W1 PL　　G17 (XY)　顺铣 RP　　100.000 SC　　　5.000 F　　1000.000 加工　　　　倒角 Z0　　　0.000 FS　　　1.000 ZFS　　2.000 inc	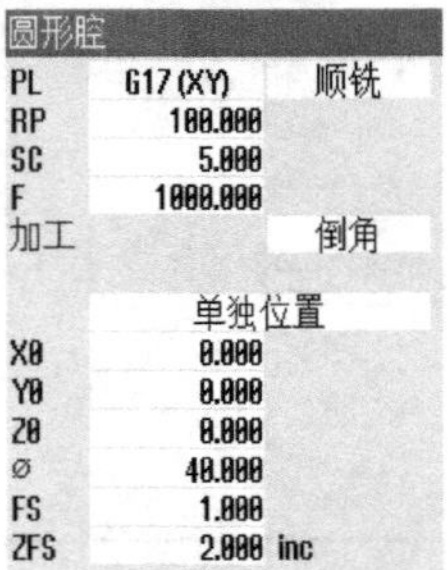 圆形腔 PL　　G17 (XY)　顺铣 RP　　100.000 SC　　　5.000 F　　1000.000 加工　　　　倒角 　　　单独位置 X0　　　0.000 Y0　　　0.000 Z0　　　0.000 ∅　　　40.000 FS　　　1.000 ZFS　　2.000 inc	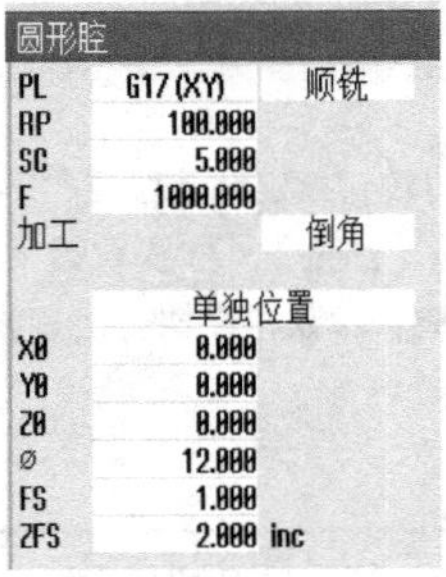 圆形腔 PL　　G17 (XY)　顺铣 RP　　100.000 SC　　　5.000 F　　1000.000 加工　　　　倒角 　　　单独位置 X0　　　0.000 Y0　　　0.000 Z0　　　0.000 ∅　　　12.000 FS　　　1.000 ZFS　　2.000 inc

（续）

第一个孔的回转设置	第二个孔的回转设置	第三个孔的回转设置	第四个孔的回转设置
坐标 X 平移 30，采用沿轴方式，Y 轴旋转 90°，X 轴平移 12.5	坐标 Y 平移 -30，采用沿轴方式，X 轴旋转 90°，Y 轴平移 -12.5	坐标 X 平移 -30，采用沿轴方式，Y 轴旋转 -90°，X 轴平移 -12.5	坐标 Y 平移 30，采用沿轴方式，X 轴旋转 90°，Y 轴平移 -12.5

3.3.3　正四方凸台的参考程序清单见表 3-24

表 3-24　正四方凸台参考程序

段号	程序	注释
N10	WORKPIECE (,"C",,"CYLINDER", 0, 0, -50, -80, 90)	定义毛坯
N20	CYCLE800 (1,"TC1", 100000, 57, 0, 0, 0, 0, 0, 0, 0, 0, 0, -1, 100, 1)	初始化操作
N30	T = "CUTTER 12"	调用刀具
N40	M6	
N50	S5000M3	
N60	G54G90G0X0Y0M8	
N70	CYCLE62 ("Q1", 1,,)	调毛坯轮廓
N80	CYCLE62 ("Q2", 1,,)	调四方轮廓
N90	CYCLE63 ("W1", 1, 100, 0, 5, 25, 1000,, 50, 5, 0, 0, 0,,,,,, 1, 2,,,, 0, 201, 111)	凸台铣削
N100	POCKET4 (100, 0, 5, 25, 40, 0, 0, 5, 0, 0, 1000, 100, 0, 21, 50, 9, 15, 2, 2, 0, 1, 2, 10100, 111, 111)	铣圆形腔
N110	T = "DRILL 12"	换麻花钻
N120	M6	
N130	S1500M3	
N140	G54G90G0X0Y0M8	
N150	CYCLE800 (1,"TC1", 100000, 57, 30, 0, 0, 0, 90, 0, 12.5, 0, 0, -1, 100, 1)	回转平面

（续）

段号	程序	注释
N160	X0Y0	钻孔定位
N170	CYCLE82 (100, 0, 5,, 15, 0.6, 10, 1, 11)	钻第一个孔
N180	CYCLE800 (1,"TC1", 100000, 57, 0, -30, 0, 90, 0, 0, 0, -12.5, 0, -1, 100, 1)	回转平面
N190	X0Y0	钻孔定位
N200	CYCLE82 (100, 0, 5,, 15, 0.6, 10, 1, 11)	钻第二个孔
N210	CYCLE800 (1,"TC1", 100000, 57, -30, 0, 0, 0, -90, 0, -12.5, 0, 0, -1, 100, 1)	回转平面
N220	X0Y0	钻孔定位
N230	CYCLE82 (100, 0, 5,, 15, 0.6, 10, 1, 11)	第三个孔
N240	CYCLE800 (1,"TC1", 100000, 39, 0, 30, 0, 0, -90, 0, 0, 12.5, 0, -1, 100, 1)	回转平面
N250	X0Y0	钻孔定位
N260	CYCLE82 (100, 0, 5,, 15, 0.6, 10, 1, 11)	第四个孔
N270	T = " CENTERDRILL 6"	倒角刀
N280	M6	
N290	S1500M3	
N300	G54G90G0X0Y0M8	
N310	CYCLE62 ("Q1", 1,,)	
N320	CYCLE62 ("Q2", 1,,)	
N330	CYCLE63 ("W1", 5, 100, 0, 5, 25, 1000,, 50, 5, 0, 0, 0,,,,,, 1, 1.5,,,, 0, 201, 111)	轮廓倒角
N340	POCKET4 (100, 0, 5, 25, 40, 0, 0, 5, 0, 0, 1000, 100, 0, 25, 50, 9, 15, 2, 2, 0, 1, 1.5, 10100, 111, 111)	圆形腔倒角
N350	CYCLE800 (1,"TC1", 100000, 57, 30, 0, 0, 0, 90, 0, 12.5, 0, 0, -1, 100, 1)	
N360	POCKET4 (100, 0, 5, 25, 12, 0, 0, 5, 0, 0, 1000, 100, 0, 25, 50, 9, 15, 2, 2, 0, 1, 1.5, 10100, 111, 111)	第一孔倒角
N370	CYCLE800 (1," TC1", 100000, 57, 0, -30, 0, 90, 0, 0, 0, -12.5, 0, -1, 100, 1)	
N380	POCKET4 (100, 0, 5, 25, 12, 0, 0, 5, 0, 0, 1000, 100, 0, 25, 50, 9, 15, 2, 2, 0, 1, 1.5, 10100, 111, 111)	第二孔倒角
N390	CYCLE800 (1,"TC1", 100000, 57, -30, 0, 0, 0, -90, 0, -12.5, 0, 0, -1, 100, 1)	
N300	POCKET4 (100, 0, 5, 25, 12, 0, 0, 5, 0, 0, 1000, 100, 0, 25, 50, 9, 15, 2, 2, 0, 1, 1.5, 10100, 111, 111)	第三孔倒角

（续）

段号	程序	注释
N310	CYCLE800（1,″TC1″, 100000, 39, 0, 30, 0, 0, − 90, 0, 0, 12.5, 0, − 1, 100, 1）	
N320	POCKET4（100, 0, 5, 25, 12, 0, 0, 5, 0, 0, 1000, 100, 0, 25, 50, 9, 15, 2, 2, 0, 1, 1.5, 10100, 111, 111）	第四孔倒角
N330	CYCLE800（1,″TC1″, 100000, 57, 0, 0, 0, 0, 0, 0, 0, 0, 0, − 1, 100, 1）	初始化操作
N340	M30	
N350	E_LAB_A_Q1：; #SM Z: 2 ; #7_DlgK contour definition begin − Don't change!；＊GP＊；＊RO＊；＊HD＊ G17 G90 DIAMOF；＊GP＊ G0 X45 Y0 ; ＊GP＊ G3 I = AC（0）J = AC（0）; ＊GP＊ ; CON, 0, 0.0000, 1, 1, MST: 0, 0, AX: X, Y, I, J, CYL: 1, 0, 10, TRANS: 1；＊GP＊；＊RO＊；＊HD＊ ; S, EX: 45, EY: 0；＊GP＊；＊RO＊；＊HD＊ ; ACCW, EX: 45, EY: 0, CX: 0, RAD: 45；＊GP＊；＊RO＊；＊HD＊ ; #End contour definition end − Don't change!；＊GP＊；＊RO＊；＊HD＊ E_LAB_E_Q1：	程序块轮廓"Q1"
N360	E_LAB_A_Q2：; #SM Z: 4 ; #7_DlgK contour definition begin − Don't change!；＊GP＊；＊RO＊；＊HD＊ G17 G90 DIAMOF；＊GP＊ G0 X30 Y25 ; ＊GP＊ G1 Y − 30 CHR = 5 ; ＊GP＊ X − 30 CHR = 5 ; ＊GP＊ Y30 CHR = 5 ; ＊GP＊ X30 CHR = 5 ; ＊GP＊ Y25 ; ＊GP＊ ; CON, 0, 0.0000, 4, 4, MST: 0, 0, AX: X, Y, I, J, CYL: 1, 0, 10, TRANS: 1；＊GP＊；＊RO＊；＊HD＊ ; S, EX: 30, EY: 30；＊GP＊；＊RO＊；＊HD＊ ; LD, EY: − 30；＊GP＊；＊RO＊；＊HD＊ ; F, LFASE: 5；＊GP＊；＊RO＊；＊HD＊ ; LL, EX: − 30；＊GP＊；＊RO＊；＊HD＊ ; F, LFASE: 5；＊GP＊；＊RO＊；＊HD＊ ; LU, EY: 30；＊GP＊；＊RO＊；＊HD＊ ; F, LFASE: 5；＊GP＊；＊RO＊；＊HD＊ ; LR, EX: 30；＊GP＊；＊RO＊；＊HD＊ ; F, LFASE: 5；＊GP＊；＊RO＊；＊HD＊ ; #End contour definition end − Don't change!；＊GP＊；＊RO＊；＊HD＊ E_LAB_E_Q2：	程序块轮廓"Q2"

3.4　多角度空间斜面零件的编程与加工练习

3.4.1　加工任务描述

加工如图 3-12 所示的多角度空间斜面三维零件。根据图 3-13 所示，该零件是在 50mm × 50mm × 25mm 矩形凸台的基础上，顶部的 4 个边沿分别被切割成 30°空间倾斜面、45°标准倒角和 15°指定斜面。所以采用 CYCLE800 回转平面循环的 3＋2 轴定位方式与 CYCLE61 平面铣削循环完成这个多角度空间斜面零件的加工。

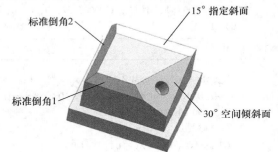

图 3-12　多角度空间斜面三维零件

任务说明：

1）毛坯尺寸为 60mm × 60mm × 50mm 的方料（或 ϕ90mm × 50mm 圆料）。

2）图 3-13 中的尺寸标注形式仅适应回转平面为沿轴（或立体角）模式编程。

3）此例选用回转台运动系统类型 P（部件）和"programGUIDE G"代码进行编程。

4）选用刀具为 ϕ12mm 立铣刀和 ϕ8.5mm 钻头。

5）零件装夹定位时应注意机床摆轴后是否会发生刀具与工件或夹具的干涉（碰撞）。

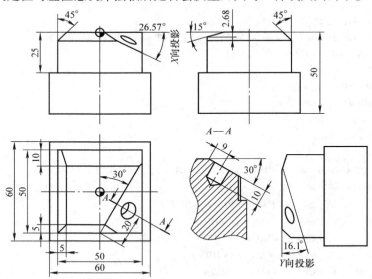

图 3-13　多角度空间斜面零件

多角度空间斜面零件的编程思路：首先在三轴基础上编写 50mm × 50mm × 25mm 矩形凸台的加工程序，然后编写 30°空间倾斜面、两个 45°标准倒角、15°指定斜面和 30°空间倾斜面上钻孔的加工程序。具体加工过程见表 3-25。

表 3-25　多角度空间斜面零件的加工过程

第 1 步铣削矩形凸台	第 2 步铣削 30°空间倾斜面	第 3 步铣削标准倒角 1
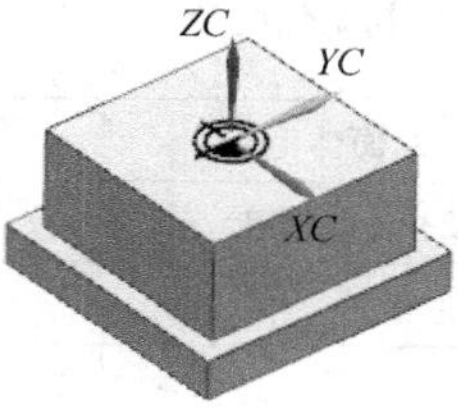	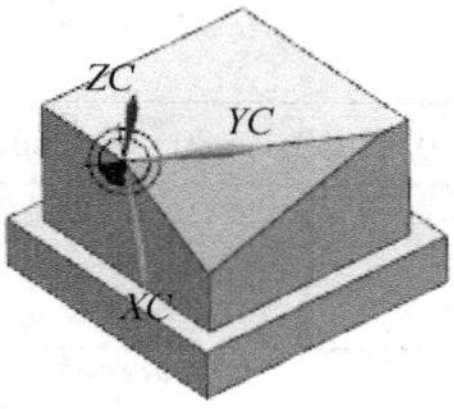	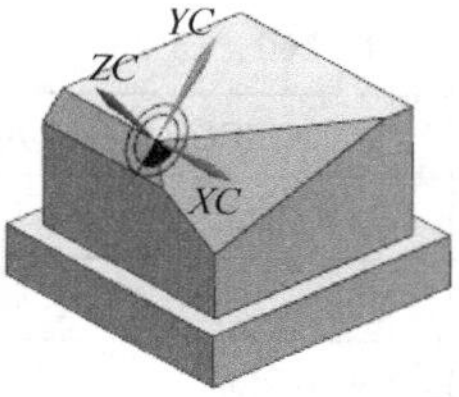
第 4 步铣削标准倒角 2	第 5 步铣削 15°指定斜面	第 6 步钻削 φ8.5mm 斜孔
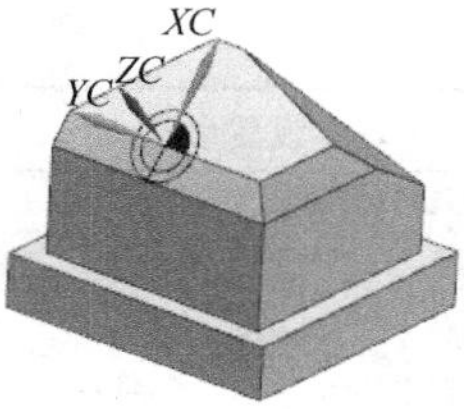	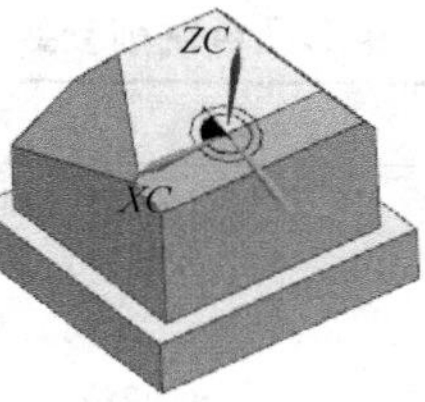	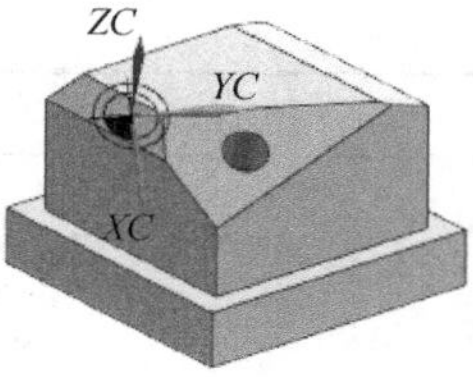

3.4.2　编程方式及过程

1. 方式 1——沿轴回转模式编程

1）为了实现零件的安全、正确加工，首先要完成 CYCLE800 循环初始设置的设定工作，使工作台处在"零位"，其操作步骤及参数设定见表 3-26。

表 3-26　CYCLE800 初始设置

设置方法	操作步骤	参数设置
在程序编辑界面中进行摆动循环 CYCLE800 的基本设置，按软键〖其它〗，按软键〖回转平面〗出现"回转平面"界面，按软键〖基本设置〗，实现回转平面参数所有设定数据的全部清零（基本设置参数）	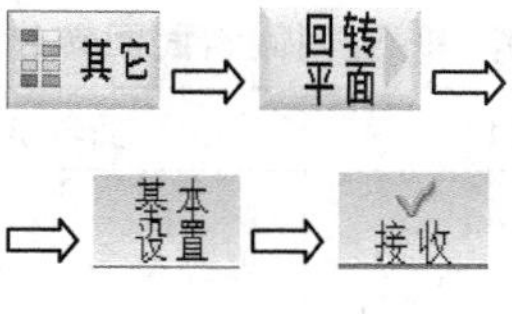 其它 ⇒ 回转平面 ⇒ 基本设置 ⇒ 接收	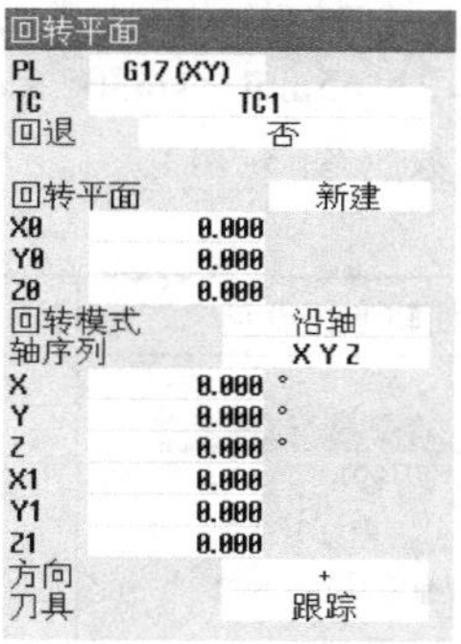 回转平面　G17 (XY) PL　　G17 (XY) TC　　　　TC1 回退　　　　否 回转平面　　　新建 X0　　0.000 Y0　　0.000 Z0　　0.000 回转模式　　沿轴 轴序列　　X Y Z X　　0.000° Y　　0.000° Z　　0.000° X1　　0.000 Y1　　0.000 Z1　　0.000 方向　　　　+ 刀具　　　　跟踪

2）完成程序头（见表 3-27）基本设置后，首先加工矩形凸台，然后使用"沿轴"回转模式，平移坐标系后按轴序列次序先后绕几何轴 X、Y、Z 旋转输入的回转角度，实现各斜面加工平面坐标系的定位，即通过 4 次 CYCLE800 回转平面循环与 CYCLE61 平面铣削循环的参数设定，实现 4 个不同位置斜面的铣削编程。

表 3-27　加工程序头的编写

段号	程序	注释
N10	CYCLE800（1,"0", 200000, 57, 22, 0, 0, 0, 30, 0, 0, 0, 0, 1, 100, 1）	CYCLE800 初始化设置
N20	WORKPIECE（,,,"RECTANGLE", 0, 0, −50, −80, 60, 60,）	创建中心六面体毛坯
N30	T = "MILL 12"	调用 ϕ12mm 立铣刀
N40	M6	换刀到主轴
N50	S5000 M3	启动主轴
N60	G54 G0 X0 Y0 M8	确定工件原点

3）使用凸台铣削循环 CYCLE76 指令进行矩形凸台的铣削，见表 3-28。

表 3-28　矩形凸台铣削参数的设置

设置方法	操作步骤	基本设置参数
按软键【铣削】，按软键【多边形凸台】，再按软键【矩形凸台】，出现"矩形凸台"参数设置对话框		

4）定向加工 30°空间倾斜面编程参数说明：工作台回退方向选择"最大刀具方向"，回转平面选择"新建"，回转模式选择"沿轴"，轴序列选择"ZYX"，方向选择"−"，刀具选择"不跟踪"。工件坐标系首先沿 Y 轴负方向平移 25mm，然后绕 Z 轴旋转 −30°（顺时针转动），最后绕 Y 轴旋转 30°，完成"三个步骤"定位后（表 3-29），根据图 3-13 中所示的尺寸条件，通过三角函数进行计算：铣削宽度 $X1 = \cos30° × 25\text{mm} = 21.65\text{mm}$，$Y1 = 25\text{mm}/\sin30° = 50\text{mm}$，铣削深度 $Z0 = 21.65\text{mm} × \sin30° × \cos30° = 9.37\text{mm}$，然后定义 CYCLE61 平面铣削循环加工 30°空间倾斜面的参数（图 3-14）。

表 3-29　铣削 30°空间倾斜面回转参数与步骤

回转参数设置	回转步骤 1	回转步骤 2	回转步骤 3

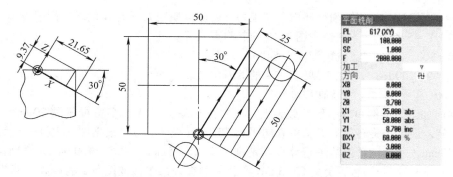

图 3-14　30°空间倾斜面 CYCLE61 参数设置与刀具轨迹

> **注：** 此例采用 CYCLE800 回转平面 3 + 2 轴定位时，回转数据组 TC 的名称统一设置为"TC1"，回退统一设置为"最大刀具方向"，回转平面统一设置为"新建"（绝对），选择（方向）统一设置为"负方向"，刀具统一设置为"不跟随"。同时要根据当前的 X、Y 坐标来进行铣削位置参数定义，避免发生干涉或过切现象。

5）定向加工标准倒角 1 编程参数说明：工件坐标系先沿 Y 轴负方向平移 20mm，然后绕 X 轴旋转 45°，最后沿旋转后的 X 轴正方向平移 25mm（表 3-30）。根据图 3-13 中所示的尺寸条件，$X1 = 50mm$，通过三角函数进行计算：铣削宽度 $Y1 = 5mm/\sin45° = 7.07mm$，铣削深度 $Z0 = 5mm \times \sin45° = 3.54mm$，然后定义 CYCLE61 平面铣削循环加工标准倒角 1 的参数（图 3-15）。

表 3-30　铣削标准倒角 1 回转参数与步骤

回转参数设置	回转步骤 1	回转步骤 2	回转步骤 3

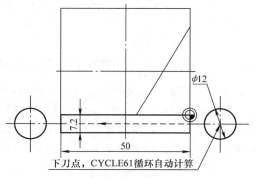

图 3-15　标准倒角 1 CYCLE61 参数设置与刀具轨迹

除使用 CYCLE61 平面铣削循环指令加工外，还可以使用如下的 G 代码进行编程：

G0 X10 Y – 5 Z5；　　　定位到图 3-14 的起刀点位置。

G1 Z0 F800；　　　　　铣削深度 3.540mm，见图 3-15。

G1 X – 60 F1500；　　　加工到图 3-14 的退刀位置。

G0 Z100；　　　　　　　Z 轴抬刀。

6）定向加工标准倒角 2 编程参数说明：工件坐标系先沿 X 轴负方向平移 20mm，然后绕 Y 轴旋转 – 45°，最后沿旋转后的 Y 轴负方向平移 25mm（表 3-31）。根据图 3-13 中所示的尺寸条件，$Y1 = 50$mm，通过三角函数进行计算：铣削宽度 $X1 = 5$mm$/\sin45° = 7.07$mm，铣削深度 $Z0 = 5$mm$\times\sin45° = 3.54$mm，然后定义 CYCLE61 平面铣削循环加工标准倒角 2 的参数（图 3-16）。

表 3-31　铣削标准倒角 2 回转参数与步骤

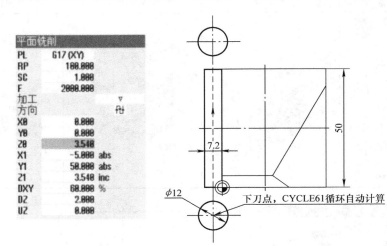

回转参数设置	回转步骤 1	回转步骤 2	回转步骤 3
回转平面 PL G17 (XY) TC TC1 回退 最大刀具方向 回转平面 新建 X0 -28.888 Y0 8.888 Z0 8.888 回转模式 沿轴 轴序列 Z Y X Z 8.888 ° Y -45.888 ° X 8.888 ° X1 8.888 Y1 -25.888 Z1 8.888 方向 - 刀具 不跟踪			

除使用 CYCLE61 平面铣削循环指令加工外，还可以使用如下的 G 代码进行编程：

平面铣削
PL G17 (XY)
RP 188.888
SC 1.888
F 2888.888
加工
方向
X0 8.888
Y0 8.888
Z0 3.548
X1 -5.888 abs
Y1 58.888 abs
Z1 3.548 inc
DXY 68.888 %
DZ 2.888
UZ 8.888

下刀点，CYCLE61 循环自动计算

φ12

7.2

50

图 3-16　标准倒角 2 CYCLE61 参数设置与刀具轨迹

除使用 CYCLE61 平面铣削循环指令加工外，还可以使用如下的 G 代码进行编程：

G0 X – 5 Y – 10 Z5；　　定位到图 3-15 的起刀点位置。

G1 Z0 F800；　　　　　铣削深度 3.540mm，见图 3-16。

G1 Y60 F1500；　　　　加工到图 3-14 的退刀位置。

G0 Z100；　　　　　　　Z 轴抬刀。

7）定向加工 15°指定斜面编程参数说明：工件坐标系先沿 Y 轴正方向平移 15mm，然后绕 X

轴旋转 – 15°，最后沿旋转后的 X 轴负方向平移 25mm 后（表 3-32），定义 CYCLE61 平面铣削循环标准倒角的参数（图 3-17），铣削平面面积为 10.5mm × 50mm，铣削深度需根据图 3-13 中相关条件，通过三角函数进行计算，$Z0 = \cos 15° × 2.68\text{mm} = 0.9659 × 2.68\text{mm} = 2.58\text{mm}$。

表 3-32 铣削 15°指定斜面回转参数与步骤

回转参数设置	回转步骤 1	回转步骤 2	回转步骤 3

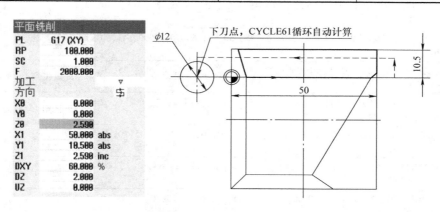

图 3-17 15°指定斜面 CYCLE61 参数设置与刀具轨迹

8）同定向加工 30°空间倾斜面编程参数说明方法定位坐标，根据图样 3-13 所示，在工件坐标系定位后孔的位置：X 方向坐标为 9，Y 方向坐标为 20，即 G0 X9 Y20，如图 3-18 所示。

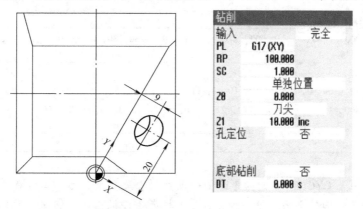

图 3-18 30°空间倾斜面孔 CYCLE82 参数设置与刀具轨迹

9）方式 1——沿轴回转模式编程，参考程序清单见表 3-33。

表 3-33 加工程序（PROG3_ 2. MPF）

段号	程序	注释
N10	CYCLE800（2," TC1", 100000, 57, 0, 0, 0, 0, 0, 0, 0, 0, 0, 0, −1, 100, 1）	CYCLE800 初始设置
N20	WORKPIECE（,,,," RECTANGLE", 0, 0, −50, −80, 60, 60,）	创建毛坯
N30	T =" MILL 12"	选用 φ12mm 立铣刀
N40	M6	换刀到主轴
N50	S5000 M3	启动主轴
N60	G54 G0 X0 Y0 M8	确定工件原点
N70	CYCLE61（100, 1, 1, 1, −30, −30, 30, 30, 0.5, 60, 0.1, 800, 12, 0, 1, 11011）	铣削工件表面
N80	CYCLE76（100, 0, 1,, 25, 50, 50, 0.3, 0, 0, 0, 3, 0.2, 0.1, 2000, 800, 0, 1, 60, 60, 1, 2, 1100, 1, 101）	粗加工矩形凸台
N90	CYCLE76（100, 0, 1,, 25, 50, 50, 0.3, 0, 0, 0, 25, 0, 0, 800, 800, 0, 2, 60, 60, 1, 2, 1100, 1, 101）	精加工矩形凸台
N100	CYCLE800（2,"TC1", 100000, 27, 0, −25, 0, −30, 30, 0, 0, 0, 0, −1, 100, 1）	定位到30°斜面
N110	CYCLE61（100, 8.7, 1, 8.7, 0, 0, 25, 50, 3, 60, 0, 2000, 41, 0, 1, 11011）	铣削30°斜面
N120	CYCLE800（2," TC1", 100000, 27, 0, −20, 0, 0, 0, 45, 25, 0, 0, −1, 100, 1）	定位到45°斜面1
N130	CYCLE61（100, 3.54, 1, 3.54, 0, 0, −50, −7.2, 2, 60, 0, 2000, 31, 0, 1, 11011）	铣削45°斜面1
N140	CYCLE800（2," TC1", 100000, 39, −20, 0, 0, 0, −45, 0, −25, 0, −1, 100, 1）	定位到45°斜面2
N150	CYCLE61（100, 3.54, 1, 3.54, 0, 0, −7.2, 50, 2, 60, 0, 2000, 41, 0, 1, 11011）	铣削45°斜面2
N160	CYCLE800（2," TC1", 100000, 39, 0, 15, 0, 0, −15, 0, −25, 0, 0, −1, 100, 1）	定位到15°斜面
N170	CYCLE61（100, 2.59, 1, 2.59, 0, 0, 50, 10.5, 2, 60, 0, 2000, 31, 0, 1, 11011）	铣削15°斜面
N180	T =" DRILL 8.5"	选用 φ8.5mm 钻头
N190	M6	换刀到主轴
N200	S800 M3	启动主轴
N210	CYCLE800（2,"TC1", 100000, 27, 0, −25, 0, −30, 30, 0, 0, 0, 0, −1, 100, 1）	定位到30°斜面
N220	G0 X9 Y20	定位到钻孔位置
N230	CYCLE82（100, 0, 1,, 10, 0, 10, 1, 11）	钻孔
N240	CYCLE800（12,"0", 200000, 57, 22, 0, 0, 0, 30, 0, 0, 0, 0, 1, 100, 1）	CYCLE800 初始设置
N250	M30	程序结束

注：N10 语句是 CYCLE800 回转平面初始设置，意义在于实际加工过程中，中途停机或执行完带有 CYCLE800 回转平面定位的加工程序，机床会停机在指定回转平面位置，未能恢复到旋转轴初始位置，系统会将最后停机位置作为初始参考基准位置进行计算，会产生后续回转平面定义角度参数的累计，造成角度定位不正确。

因多角度空间斜面零件 ϕ10mm 孔的精度为 H7，所以钻孔后可以选择铰孔或铣孔的加工方法来保证 H7 精度。

2. 方式 2——立体角回转模式编程

1）使用回转模式"立体角"时，坐标系首先围绕 Z 轴旋转（α 角），然后绕 Y 轴旋转（β 角）。具体编程方法参照回转模式"沿轴"的编程过程，CYCLE800 中的参数设置见表 3-34。

2）定向加工 30°空间倾斜面编程参数说明：工件坐标系首先沿 Y 轴负方向平移 25mm，然后绕 α 角（Z 轴）旋转 -30°，最后绕 β 角（Y 轴）旋转 30°，完成定位后定义如图 3-19a 所示的 CYCLE61 平面铣削循环参数。

3）定向加工标准倒角 1 编程参数说明：工件坐标系先沿 Y 轴负方向平移 20mm，然后绕 α 角（Z 轴）旋转 90°，绕 β 角（Y 轴）旋转 -45°，最后沿旋转后的 Y 轴负方向平移 25mm，完成定位后定义如图 3-19b 所示的 CYCLE61 平面铣削循环参数。

表 3-34　立体角参数设置

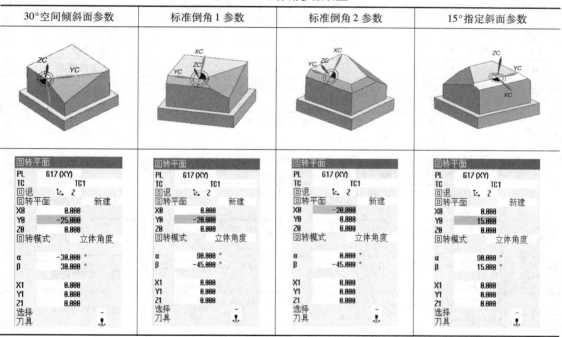

图 3-19　CYCLE61 平面铣削循环参数

4）定向加工标准倒角 2 编程参数说明：工件坐标系先沿 X 轴负方向平移 20mm，然后绕 β 角（Y 轴）旋转 $-45°$，最后沿旋转后的 Y 轴负方向平移 25mm，完成定位后定义如图 3-19c 所示的 CYCLE61 平面铣削循环参数。

5）定向加工 15° 指定斜面编程参数说明：工件坐标系先沿 Y 轴正方向平移 15mm，然后绕 α 角（Z 轴）旋转 90°，绕 β 角（Y 轴）旋转 15°，最后沿旋转后的 Y 轴负方向平移 25mm，完成定位后定义如图 3-19d 所示的 CYCLE61 平面铣削循环参数。

6）加工方式 2——立体角回转模式编程，参考程序清单见表 3-35。

表 3-35　加工方式 2 程序（PROG3_ 2_ 1. MPF）

段号	程序	注释
N10	CYCLE800 (0,"TC1", 200010, 57, 0, 0, 0, 0, 0, 0, 0, 0, 0, 1, 100, 1)	CYCLE800 初始设置
N20	WORKPIECE (,"",,"RECTANGLE", 0, 1, -50, -80, 60, 60)	创建毛坯
N30	T = " CUTTER 12"	选用 ϕ12mm 立铣刀
N40	M6	换刀到主轴
N50	S5000 M3	启动主轴
N60	G54 G0 X0 Y0 M8	确定工件原点
N70	CYCLE61 (100, 1, 1, 1, -30, -30, 30, 30, 0.5, 60, 0.1, 800, 32, 0, 1, 11011)	铣削工件表面
N80	CYCLE76 (100, 0, 1,, 25, 50, 50, 0.3, 0, 0, 0, 3, 0.2, 0.1, 2000, 800, 0, 1, 60, 60, 1, 2, 1100, 1, 101)	粗加工矩形凸台
N90	CYCLE76 (100, 0, 1,, 25, 50, 50, 0.3, 0, 0, 0, 25, 0, 0, 800, 800, 0, 2, 60, 60, 1, 2, 1100, 1, 101)	精加工矩形凸台
N100	CYCLE800 (4," TC1", 100000, 64, 0, -25, 0, -30, 30,, 0, 0, 0, -1, 100, 1)	定位到 30° 斜面
N110	CYCLE61 (100, 10, 1, 10, 0, 0, 25, 50, 3, 60, 0, 1500, 41, 0, 1, 11011)	铣削 30° 斜面
N120	CYCLE800 (4," TC1", 100000, 64, 0, -20, 0, 90, -45,, 0, -25, 0, -1, 100, 1)	定位到 45° 斜面 1
N130	CYCLE61 (100, 5, 1, 5, -5, 0, 0, 50, 2, 60, 0, 1500, 41, 0, 1, 11011)	铣削 45° 斜面 1
N140	CYCLE800 (4," TC1", 100000, 64, -20, 0, 0, 0, -45,, 0, -25, 0, -1, 100, 1)	定位到 45° 斜面 2
N150	CYCLE61 (100, 5, 1, 5, 0, 0, -5, 50, 2, 60, 0, 1500, 41, 0, 1, 11011)	铣削 45° 斜面 2
N160	CYCLE800 (4," TC1", 100000, 64, 0, 15, 0, 90, 15,, 0, -25, 0, -1, 100, 1)	定位到 15° 斜面
N170	CYCLE61 (100, 5, 1, 5, 8, 0, 0, 50, 2, 60, 0, 1500, 41, 0, 1, 11011)	铣削 15° 斜面
N180	T = " DRILL 8.5"	选用 ϕ8.5mm 钻头
N190	M6	换刀到主轴
N200	S800 M3	启动主轴

（续）

段号	程序	注释
N210	CYCLE800（4," TC1 "，100000，64，0，－25，0，－30，30,，0，0，0，－1，100，1）	定位到30°斜面
N220	G0 X9 Y20	定位到钻孔位置
N230	CYCLE82（100，0，1,，10，0，10，1，11）	钻孔
N240	CYCLE800（1,"0"，200000，57，22，0，0，0，30，0，0，0，0，1，100，1）	CYCLE800 初始设置
N250	M30	

提示：此处仅仅是说明摆动循环 CYCLE800 的另一种编程方式，对比可看出，使用"沿轴"回转模式编程比较直观、简洁。在实际使用中，要根据图样尺寸的标注情况，灵活运用方便的编程方式。

第4章

五轴空间变换 CYCLE800 指令 3 + 2 轴定位编程提升练习

本章内容通过应用摆动回转 CYCLE800 指令进行多方位定位加工，通过不同的旋转平面，充分利用 CYCLE800 不同的旋转平面（平移—旋转—平移）位置的设定，利用各种常用循环加工及代码编程加工指令进行加工实践。

4.1 斜置机座零件的编程与加工练习

4.1.1 加工任务描述

如图 4-1 所示的斜置机座零件（三维标注），其主要分为上、中、下三个部分。零件的下面部分为底座，是 34mm×50mm×15mm 矩形体。零件的中间部分是与底座垂直中心线成 30°夹角方向上的 32mm×25mm 矩形凸台及 φ12mm 的通孔（穿过中间部分及底座）。零件的上面部分为 32mm×12.5mm 矩形凸台，并在靠近轴线的位置有一个 R10mm 敞开式半圆形腔。

本练习通过使用摆动循环 CYCLE800 指令进行上部分 30°全部外形轮廓的加工。上部分 30°形状基准点与底座矩形体上表面中心位置重合，如图 4-2 所示。为了简化学习过程，本练习使用 1 把 φ12mm 立铣刀（切削刃长 >25mm）进行轮廓的加工编程，使用 φ6mm 中心钻（NC 中心钻），标准钻头 φ5mm、φ12mm 完成各孔加工。

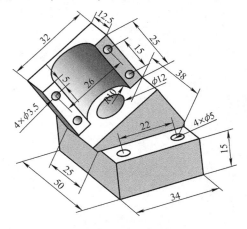

图 4-1 斜置机座零件

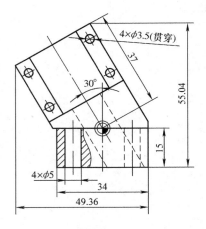

图 4-2 斜置机座零件（轮廓尺寸）

1. 斜置机座零件底座矩形体加工步骤（表 4-1）

部件所有加工部位全部采用五轴 3 + 2 的典型加工方式，对于实例的加工工艺方面在此不进行过多深入阐述，主要体现 CYCLE800 在加工中的实际应用。

表 4-1　底座矩形体加工步骤

确定毛坯	底座加工
尺寸为 52mm × 52mm × 57mm 建议：毛坯进行六面精加工	保证底座矩形体尺寸 50mm × 34mm × 15mm，并将要求 4 × ϕ5mm 深 15mm 孔预先加工完成

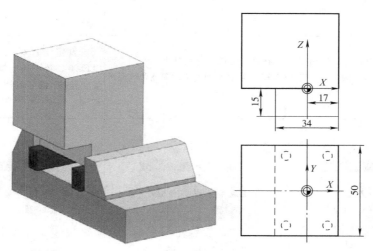

2. 工件装夹简述

本练习的编程加工方式在工件装夹方面应注意加工过程中刀具与夹具之间的干涉问题，建议采用较小尺寸的平口钳装夹零件，装夹示意如图 4-3 所示。工件编程零点设定在已经加工好的底座（50mm × 34mm）的对称中心位置，Z 向设定在距底面 15mm 的位置（与设计基准相互重合参考图 4-2）。

图 4-3　装夹

4.1.2　编程方式及过程

1. 零件中间部分三平面加工

零件中间部分三平面加工方式主要是通过 CYCLE800 回转平面进行坐标定位，利用轮廓循环加工编程方式进行 3 个定位面的加工，具体步骤见表 4-2。

关于第 1 平面与第 2 平面回转定位操作说明：此次加工机床回转轴形式为 "B、C" 轴，即回转轴是围绕 Y、Z 坐标轴回转。但是，在编程过程中两个面的指定形式是围绕 X 轴进行回转定位的，通常的理解方式是围绕 X 轴旋转的轴为 "A" 轴。作为 CYCLE800 回转平面定位编程而言，编程者只需要编程过程中考虑工件坐标系围绕某一个直线坐标轴进行旋转定位，不需要考虑本身的机床结构，CYCLE800 指令（数控系统）会根据实际回转情况进行拟合并达到用户的理想回转状态。

表 4-2　零件中间部分三平面的工件坐标系移动过程

第 1 面加工	第 2 面加工	第 3 面加工
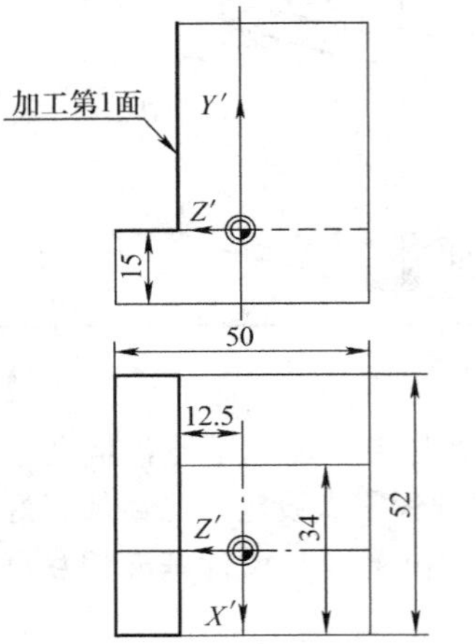	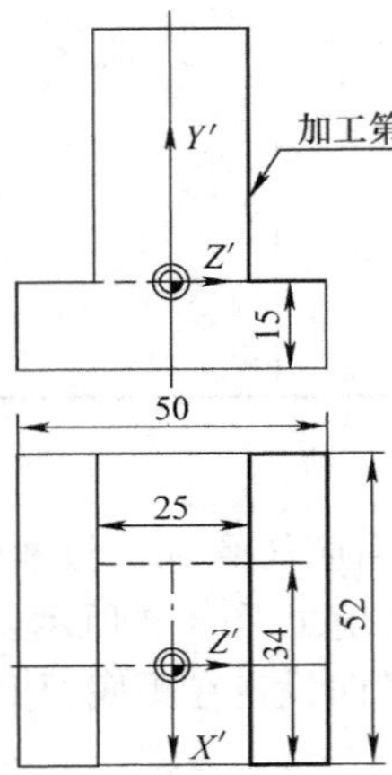	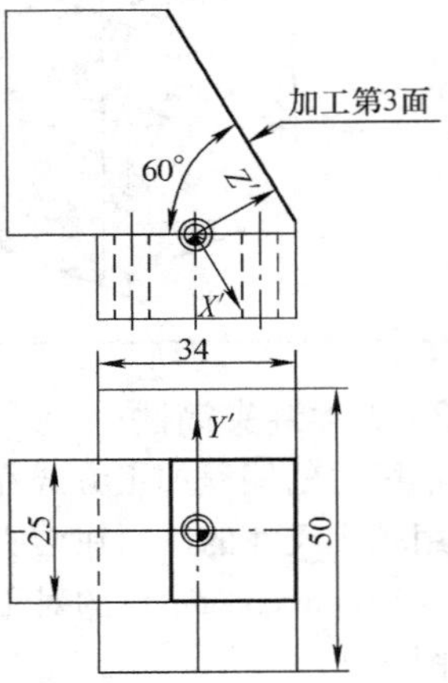
在设定工件零点基础上，使用 CY-CLE800 回转平面定位，围绕 X 轴旋转 90°	在设定工件零点基础上，使用 CY-CLE800 回转平面定位，围绕 X 轴旋转 -90°	在设定工件零点基础上，使用 CY-CLE800 回转平面定位，直接方式围绕 Y 轴旋转 60° 或者利用"立体角"方式旋转 60°
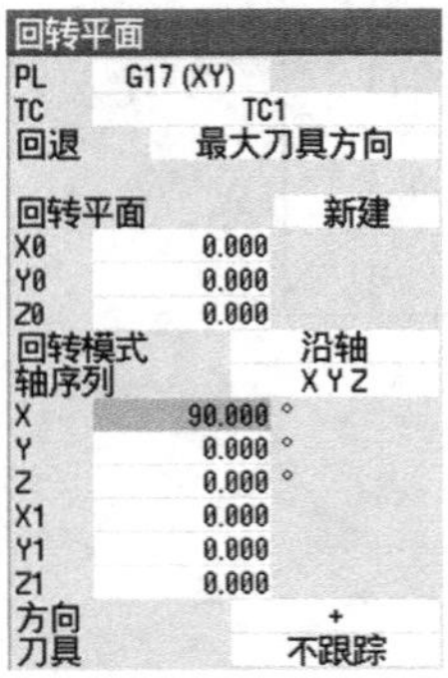	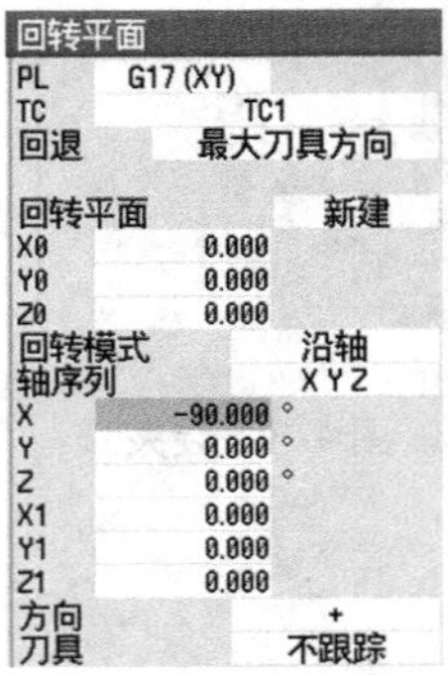	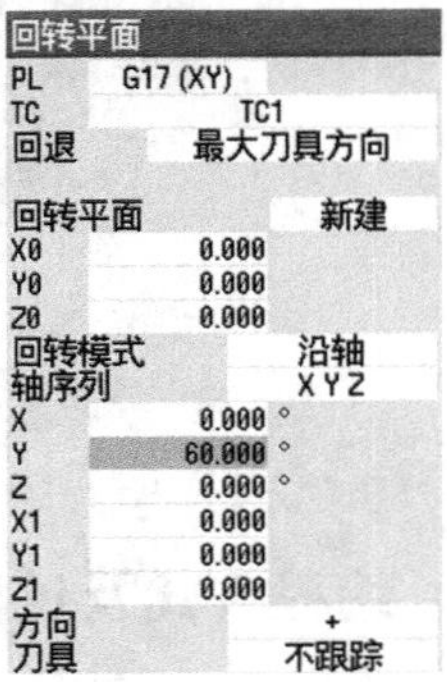

直接使用 SINUMERIK 840D sl"平面铣削"循环 CYCLE61 指令即可完成 3 个面的粗、精加工（表 4-3）。在使用平面铣削加工第 1、第 2 面中应注意铣削边界控制，见表 4-4 中"平面铣削"参数框中的提示，通过边界控制方法控制实际刀具位置。

表 4-3　零件中间部分 3 个平面的铣削加工参数设置

第 1 面平面铣削	第 2 面平面铣削	第 3 面平面铣削
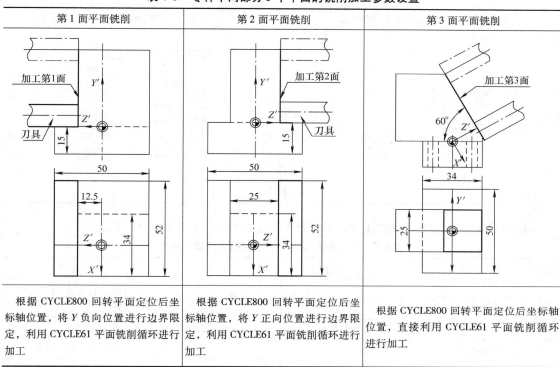		
根据 CYCLE800 回转平面定位后坐标轴位置，将 Y 负向位置进行边界限定，利用 CYCLE61 平面铣削循环进行加工	根据 CYCLE800 回转平面定位后坐标轴位置，将 Y 正向位置进行边界限定，利用 CYCLE61 平面铣削循环进行加工	根据 CYCLE800 回转平面定位后坐标轴位置，直接利用 CYCLE61 平面铣削循环进行加工

表 4-4　零件中间部分 3 个平面的铣削参数说明

零件中间部分 3 个加工平面铣削区域	平面铣削参数
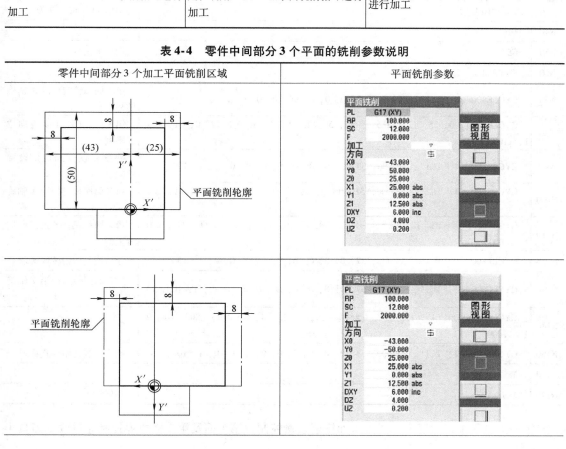	

（续）

零件中间部分 3 个加工平面铣削区域	平面铣削参数
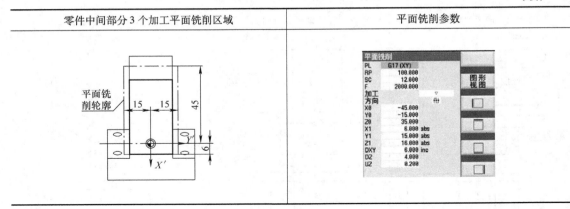	

零件中间部分 3 个平面的加工程序的过程步骤基本相同，参考加工程序见表 4-5。

表 4-5　零件中间部分 3 个平面的铣削加工程序

段号	程序	注释
N10	CYCLE800 (4,"TC1", 200000, 57, 0, 0, 0, 0, 0, 0, 0, 0, 0, 1, 100, 1)	将摆台恢复到初始设置状态
N20	WORKPIECE (,"",,"BOX", 0, 42, −57, −80, −35, −26, 52, 52)	建立毛坯
N30	T = " MILL 12"	调用 φ12mm 立铣刀
N40	M6	
N50	G54	设置工艺参数
N60	S5000 M03	
N70	CYCLE800 (4,"TC1", 200000, 57, 0, 0, 0, 90, 0, 0, 0, 0, 0, 1, 100, 1)	第 1 面回转定位沿 X 轴旋转 90°
N80	CYCLE61 (100, 25, 12, 12.5, −42, 50, 23, 0, 4, 6, 0.2, 2000, 31, 100, 1, 11000)	第 1 面铣削，Y 负方向位置限制
N90	CYCLE800 (4,"TC1", 200000, 57, 0, 0, 0, 0, 0, 0, 0, 0, 0, 1, 100, 1)	将摆台恢复到初始设置状态
N100	CYCLE800 (4,"TC1", 200000, 57, 0, 0, 0, −90, 0, 0, 0, 0, 0, 1, 100, 1)	第 2 面回转定位沿 X 轴旋转 −90°
N110	CYCLE61 (100, 25, 12, 12.5, −42, −50, 23, 0, 4, 6, 0.2, 2000, 31, 1000, 1, 11000)	第 2 面铣削，Y 正方向位置限制
N120	CYCLE800 (4,"TC1", 200000, 57, 0, 0, 0, 0, 0, 0, 0, 0, 0, 1, 100, 1)	摆台恢复初始设置状态
N130	CYCLE800 (4,"TC1", 200000, 57, 0, 0, 0, 0, 60, 0, 0, 0, 0, 1, 100, 1)	第 3 面回转定位沿 Y 轴旋转 60°
N140	CYCLE61 (100, 45, 12, 16, −45, −15, 5, 15, 4, 6, 0.2, 2000, 41, 0, 1, 11000)	第 3 面铣削
N150	CYCLE800 (4,"TC1", 200000, 57, 0, 0, 0, 0, 0, 0, 0, 0, 0, 1, 100, 1)	摆台恢复初始设置状态
N160	M5	
N170	M30	程序结束

粗加工过程中，深度方向通过平面铣削余量控制，第 1 面及第 2 面边界控制通过改变刀具半

径方式来进行尺寸控制。

3 个平面精加工在上述粗加工程序基础上进行平面铣削参数的重新定义，将加工余量根据实测进行修正，再将分层加工方式改变为一层加工形式，平面铣削参数见表 4-6。

表 4-6　3 个平面精加工参数

第 1 面平面铣削精加工	第 2 面平面铣削精加工	第 3 面平面铣削精加工
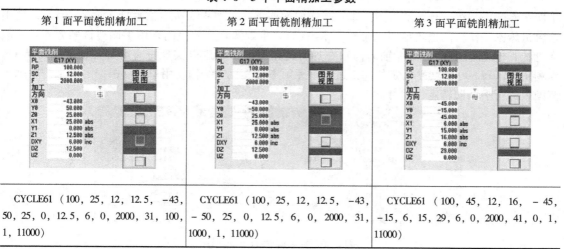		
CYCLE61（100, 25, 12, 12.5, −43, 50, 25, 0, 12.5, 6, 0, 2000, 31, 100, 1, 11000）	CYCLE61（100, 25, 12, 12.5, −43, −50, 25, 0, 12.5, 6, 0, 2000, 31, 1000, 1, 11000）	CYCLE61（100, 45, 12, 16, −45, −15, 6, 15, 29, 6, 0, 2000, 41, 0, 1, 11000）

如果在第 1 面和第 2 面加工过程中出现工作台、夹具与主轴产生干涉的情况，可以改变原有加工策略。可利用侧向铣削的加工方式完成两面的加工，相关步骤及参考程序方式见表 4-7。

表 4-7　两面侧铣方式

侧铣第 1 面	侧铣第 2 面
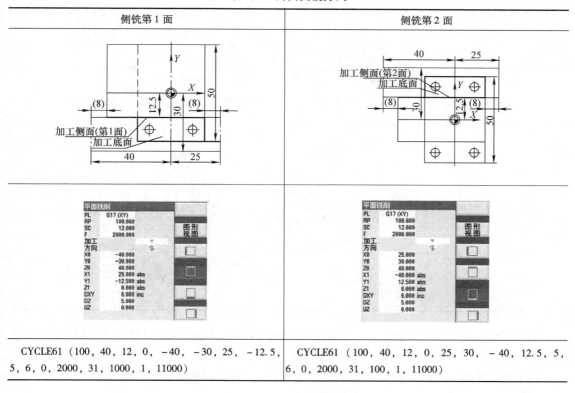	
CYCLE61（100, 40, 12, 0, −40, −30, 25, −12.5, 5, 6, 0, 2000, 31, 1000, 1, 11000）	CYCLE61（100, 40, 12, 0, 25, 30, −40, 12.5, 5, 6, 0, 2000, 31, 100, 1, 11000）

2. 顶面、侧向面及顶面 ϕ12mm 孔加工

侧向面、顶面及顶面 R10mm 半圆形腔体及 ϕ12mm 圆孔的加工可以在 1 次摆动回转工作台的定位中完成。

本练习的机床回转工作台为 B、C 轴机构，B 轴转角范围为：−5.5° ~ +110.5°，如图 4-4 中所示参数。本练习预想实现刀具垂直于侧向面加工（见表 4-8 所示位置加工面），但已经超出这台机床圆工作台的摆角范围（见第 2 章内容），难以实现，故该面采用了侧刃铣削方式。一般常见的其他结构机床（A、C 轴结构）在加工此角度面时也难以实现垂直于加工面的加工方式，在利用 CYCLE800 回转平面定位加工过程中无须考虑其机床结构，用户只需根据加工工艺在加工范围内进行平面回转定位即可。

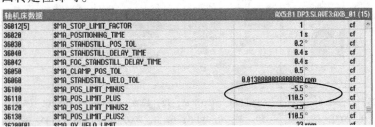

图 4-4　机床旋转轴角度范围

表 4-8　侧向面加工方式

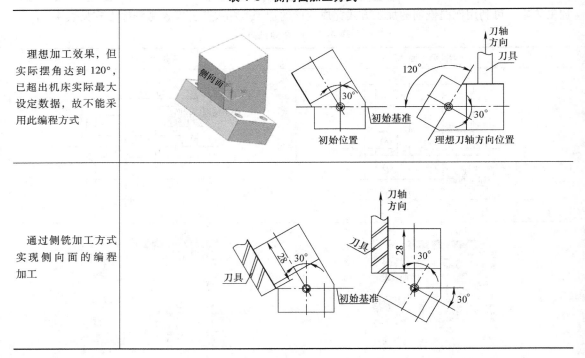

理想加工效果，但实际摆角达到 120°，已超出机床实际最大设定数据，故不能采用此编程方式	
通过侧铣加工方式实现侧向面的编程加工	

利用 CYCLE800 回转平面定位，将基准工件坐标系围绕 Y 轴旋转 −30°完成顶面、侧向面及顶面孔的编程加工。顶面编程加工参数见表 4-9。

侧向面铣削加工方式可通过轮廓编程方式实现，可将侧向面边界作为加工轮廓，通过"路径铣削"的方式完成加工，过程步骤见表 4-10。

表 4-9 顶面加工步骤

顶面加工效果	平面回转参数定义	顶面平面铣削参数
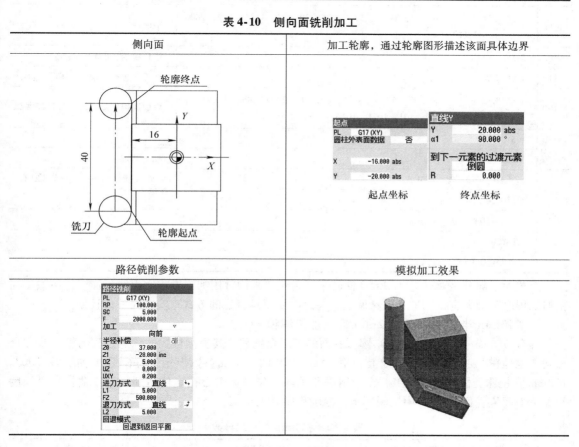	回转平面 PL　　　　　G17 (XY) TC　　　　　TC1 回退　　　　最大刀具方向 回转平面　　新建 X0　　　　　0.000 Y0　　　　　0.000 Z0　　　　　0.000 回转模式　　沿轴 轴序列　　　X Y Z X　　　　　0.000 ° Y　　　　　-30.000 ° Z　　　　　0.000 ° X1　　　　　0.000 Y1　　　　　0.000 Z1　　　　　0.000 方向　　　　+ 刀具　　　　不跟踪	平面铣削 PL　　　　　G17 (XY) RP　　　　　100.000 SC　　　　　12.000 F　　　　　2000.000 加工 方向 X0　　　　　-30.000 Y0　　　　　-15.000 Z0　　　　　50.000 X1　　　　　30.000 abs Y1　　　　　15.000 abs Z1　　　　　37.000 abs DXY　　　　6.000 inc DZ　　　　　4.000 UZ　　　　　0.200

表 4-10 侧向面铣削加工

侧向面	加工轮廓，通过轮廓图形描述该面具体边界
	起点 PL　　　　　G17 (XY) 圆柱外表面数据　　否 X　　　　　-16.000 abs Y　　　　　-20.000 abs　　　　直线Y Y　　　　　20.000 abs α1　　　　　90.000 ° 到下一元素的过渡元素 倒圆 R　　　　　0.000 起点坐标　　　　终点坐标

路径铣削参数	模拟加工效果
路径铣削 PL　　　　　G17 (XY) RP　　　　　100.000 SC　　　　　5.000 F　　　　　2000.000 加工 　　　　　向前 半径补偿 Z0　　　　　37.000 Z1　　　　　-28.000 inc DZ　　　　　5.000 UZ　　　　　0.000 UXY　　　　0.200 进刀方式　　直线 L1　　　　　5.000 FZ　　　　　500.000 退刀方式　　直线 L2　　　　　5.000 回退模式 回退到返回平面	

侧向面加工路径通过"轮廓铣削"选项中的"新建轮廓"来完成路径的轨迹描述。

顶面加工及侧向面粗加工程序见表 4-11。

表 4-11 顶面及侧向面程序

段号	程序	注释
N10	CYCLE800 (4," TC1", 200000, 57, 0, 0, 0, 0, 0, 0, 0, 0, 0, 1, 100, 1)	将摆台恢复到初始设置状态
N20	WORKPIECE (,""，，"BOX", 0, 42, -57, -80, -35, -26, 52, 52)	建立毛坯

（续）

段号	程序	注释
N30	T = " MILL 12 "	调用ϕ12mm立铣刀
N40	M6	
N50	G54	设置工艺参数
N60	S5000M03	
N70	CYCLE800（4,"TC1", 200000, 57, 0, 0, 0, 0, -30, 0, 0, 0, 0, 1, 100, 1）	回转平面定位，工件坐标系围绕Y轴旋转-30°
N80	MSG（"TOP"）	信息提示：TOP-顶面
N90	CYCLE61（100, 50, 12, 37, -30, -15, 30, 15, 4, 6, 0.2, 2000, 31, 0, 1, 11000）	平面铣削上顶面
N100	MSG（"LEFT"）	信息提示：LEFT-左侧
N110	CYCLE62（"LEFT", 1,,）	加工轮廓程序块"LEFT"调用
N120	CYCLE72（"", 100, 37, 5, -28, 5, 0.2, 0, 2000, 500, 1, 41, 1, 5, 0.1, 1, 5, 0, 1, 2, 101, 1011, 101）	根据调用轮廓轨迹进行路径铣削
N130	M5	
N140	M30	程序结束
N150	E_LAB_A_LEFT：；#SM Z：2	加工轮廓程序块，名称为LEFT
	G17 G90 DIAMOF；＊GP＊	
	G0 X-10Y-20；＊GP＊	
	G1 Y20；＊GP＊	
	E_LAB_E_LEFT：	

上述加工部分是通过CYCLE800回转平面定位，采用常用加工方式实现的粗加工，精加工在粗加工程序基础上进行了加工余量调整，通过改变刀具直径的方式来实现尺寸的控制。

3. R10mm半圆形腔及ϕ12mm通孔加工编程

含有ϕ12mm通孔、R10mm半圆形腔面的矩形台编程，其坐标位置的确定过程与上一步完全相同，也是在原工件坐标系基础上利用CYCLE800回转平面参数设定工件围绕Y轴旋转-30°。ϕ12mm孔用深孔固定程序加工，在调用深孔钻削前先进行中心孔定位钻削加工。钻孔参考深度及参考平面位置见表4-12中视图所示，参考程序见表4-13。

表4-12　ϕ12mm孔加工参数

ϕ12mm孔钻削参考平面位置	钻中心孔加工参数	深孔钻加工参数
	钻中心孔 PL　G17 (XY) RP　100.000 SC　1.000 单独位置 Z0　37.000 刀尖 Z1　-1.000 inc DT　0.000 s	深孔钻削 PL　G17 (XY) RP　100.000 SC　1.000 单独位置 排屑 Z0　37.000 刀杆 Z1　-62.000 inc D　10.000 inc FD1　90.000 % DF　90.000 % U1　3.000 提前距离　手动 U3　1.600 DTB　0.000 s DT　0.000 s DTS　0.500 s

表 4-13　加工顶面孔程序

段号	程序	注释
N10	CYCLE800 (4,"TC1", 200000, 57, 0, 0, 0, 0, 0, 0, 0, 0, 0, 1, 100, 1)	将摆台恢复到初始设置状态
N20	T = "DRILL 6"	调用 φ6mm 中心钻
N30	M6	
N40	G54	设置工艺参数
N50	S5000M03	
N60	CYCLE800 (4,"TC1", 200000, 57, 0, 0, 0, 0, −30, 0, 0, 0, 0, 1, 100, 1)	回转平面定位,工件坐标系围绕 Y 轴旋转 −30°
N70	G0X0Y0	快速定位至钻孔平面位置
N80	CYCLE81 (100, 37, 1,, −1, 0, 0, 1, 11)	钻削中心定位孔,深度为 1mm
N90	T = "DRILL 12"	调用 φ12mm 钻头
N100	M6	
N110	S2000M3	
N120	G0X0Y0	快速定位至钻孔平面位置
N130	CYCLE83 (100, 37, 1,, −62,, 10, 90, 0, 0.5, 90, 1, 0, 3, 1.4, 0, 1.6, 10, 1, 12211111)	钻削 φ12mm 通孔
N140	CYCLE800 (4,"TC1", 200000, 57, 0, 0, 0, 0, 0, 0, 0, 0, 0, 1, 100, 1)	摆台恢复初始设置状态
N150	M5	
N160	M30	程序结束

$R10mm$ 半圆形腔面由于采用 φ12mm 立铣刀,直接沿轮廓进行加工会有材料残留,而采用型腔铣削加工方式,可较为便捷地完成该位置的加工。型腔形状完全包围整体台阶边界范围,如图 4-5 所示,加工方式采用逐步向型腔外围扩展,进刀点设定在 φ12mm 中心位置。加工路径采用调用型腔轮廓进行加工,加工轮廓通过〖新建轮廓〗的步骤创建"轮廓程序块"来完成加工形状轮廓描述。参考绘制图形参数如图 4-6 所示,加工程序参考表 4-14。

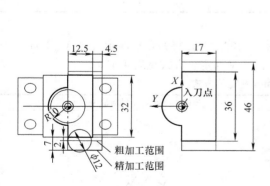

图 4-5　轮廓铣削外轮廓形状

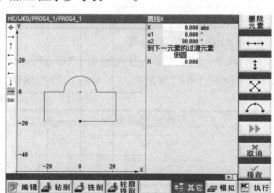

图 4-6　轮廓图形描述及图形参数

表 4-14　*R*10mm 半圆形腔面加工程序

段号	程序	注释
N10	CYCLE800（4，"TC1"，200000，57，0，0，0，0，0，0，0，0，0，1，100，1）	将摆台恢复到初始设置状态
N20	T = " MILL 12"	调用 φ12mm 立铣刀
N30	M6	
N40	G54	设置工艺参数
N50	S5000M03	
N60	CYCLE800（4，"TC1"，200000，57，0，0，0，0，-30，0，0，0，0，1，100，1）	工件坐标系围绕 *Y* 轴旋转 -30°
N70	CYCLE62（"YT"，1，，）	轮廓调用，调用轮廓名称为 YT
N80	CYCLE63（"YT"，10001，100，37，5，-25，1500，500，2，5，0.1，0.1，0，0，0，8，1，15，1，2，，，，0，101，101）	根据调用轮廓进行型腔铣削
N90	CYCLE800（4，"TC1"，200000，57，0，0，0，0，0，0，0，0，0，1，100，1）	摆台恢复初始设置状态
N100	M5	
N110	M30	程序结束
N120	E_LAB_A_YT：；#SM Z：4	轮廓加工程序块"YT"
	G17G90DIAMOF；＊GP＊	
	G0X0Y-18.5；＊GP＊	
	G1X22；＊GP＊	
	Y0；＊GP＊	
	X10；＊GP＊	
	G3X-10I=AC（0）J=AC（0）；＊GP＊	
	G1X-22；＊GP＊	
	Y-18.5；＊GP＊	
	X0；＊GP＊	
	E_LAB_E_YT：	

4. 4×φ3.5mm 孔加工

4×φ3.5mm 孔的加工首先利用 CYCLE800 回转平面的定位，将钻孔平面定义为 *X*、*Y* 加工平面，再结合零件孔位置的标注尺寸完成程序编辑，回转平面定位方式见表 4-15。

表 4-15　4×φ3.5mm 孔定位方式

工件初始状态坐标系	步骤1：围绕 *X* 轴旋转 90°
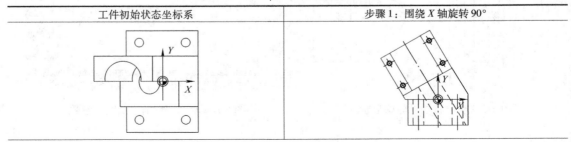	

（续）

步骤 2：围绕 Z 轴旋转 30°（X、Y 平面旋转 30°）	步骤 3：坐标沿 Y 轴平移 37mm
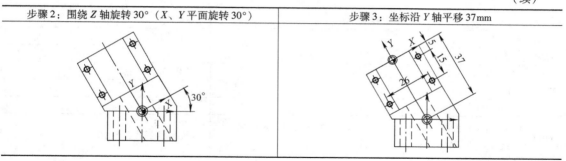	

三个回转平移依次进行：坐标系首先围绕 X 轴旋转 90°后建立全新坐标系，再以当前坐标系为全新基准坐标系，围绕 Z 轴旋转 30°，最后沿旋转定位后的 Y 坐标轴平移 37mm，最终建立加工坐标系。

具体回转平面定义参数如图 4-7 所示。参考加工程序见表 4-16。

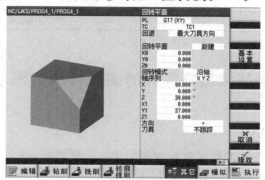

图 4-7　钻孔平面回转参数定义

表 4-16　斜置机座零件参考加工程序（PROG4_1.MPF）

段号	程序	注释
N10	CYCLE800（4,"TC1"，200000，57，0，0，0，0，0，0，0，0，0，1，100，1）	将摆台恢复到初始设置状态
N20	T = "DRILL 6"	调用 φ6mm 中心钻
N30	M6	
N40	G54	设置工艺参数
N50	S2000M03	
N60	CYCLE800（4,"TC1"，200000，57，0，0，0，90，0，30，0，37，0，1，100，1）	回转平面定位
N70	MCALL CYCLE81（100，0，1，，-1，0，0，1，11）	模态调用钻中心孔循环
N80	AA：	语句标记
N90	X-13Y-5	钻孔坐标位置
N100	X13	
N110	Y-20	
N120	X-13	
N130	BB：	语句标记

（续）

段号	程序	注释
N140	MCALL	取消模态调用
N150	M5	
N160	T = " DRILL 3. 5"	调用 ϕ3.5mm 钻头
N170	M6	
N180	S1500M3	
N190	MCALL CYCLE83（100，0，1，，－15，，3，90，0，0.5，90，1，0，3，1.4，0，1.6，10，1，12211111）	模态调用深孔钻削循环
N200	REPEAT AA BB	在标记 AA：和 BB：间重复调用
N210	MCALL	取消模态调用
N220	CYCLE800（4，"TC1"，200000，57，0，0，0，0，0，0，0，0，0，1，100，1）	摆台恢复初始设置状态
N230	M5	
N240	M30	程序结束

注：REPEAT 指令的定义与使用方法，可参考相关技术资料。

4.2 开放轮廓凹槽与大斜角零件的编程与加工练习

4.2.1 加工任务描述

加工如图 4-8 所示的开放轮廓凹槽与大斜角零件。根据图 4-9 所示，该零件是在 50mm × 50mm × 25mm 矩形凸台的基础上，上表面加工 2 个 ϕ6.8mm 深 10mm 孔，其中右侧一个角被切割成空间 45°倾斜面，且在其上有一个 ϕ12H7 深 6mm 的孔，立柱左侧呈开放轮廓结构和凹槽曲线特征。

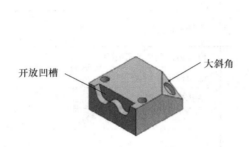

图 4-8　开放轮廓凹槽与大斜角零件

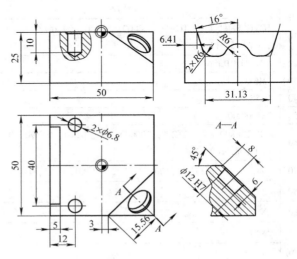

图 4-9　开放轮廓凹槽与大斜角零件

任务说明：

（1）毛坯尺寸为 60mm × 60mm × 50mm 的方料。

（2）图中的尺寸标注形式仅适用于 CYCLE800 指令中回转模式为"沿轴"（或立体角）模式编程。

（3）此例选用"P"类型回转台运动系统和"programGUIDE G"方式进行编程。

（4）选用刀具为 ϕ63mm 面铣刀，ϕ12mm 和 ϕ6mm 立铣刀，以及 ϕ5mm 钻头。

（5）零件装夹定位时应注意机床摆轴后是否会发生刀具与工件或夹具的干涉（碰撞）。

开放轮廓零件的编程思路：首先编写平面铣削循环 CYCLE61、多边形凸台铣削循环 CYCLE76、钻孔循环 CYCLE82 完成 50mm × 50mm × 25mm 凸台平面、外形、ϕ5mm 孔，然后使用 CYCLE800 功能完成 45°空间倾斜面与开放凹槽曲线轮廓的 3 + 2 定位加工。具体铣削加工过程见表 4-17。

表 4-17　开放轮廓凹槽零件与大斜角零件的加工过程

第 1 步　铣削毛坯表面	第 2 步　铣削 50mm × 50mm × 25mm 凸台	第 3 步　钻削 ϕ5mm 孔
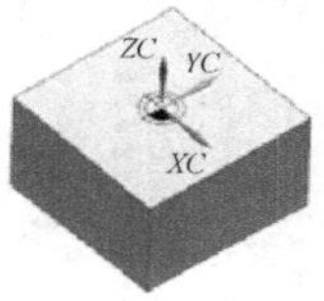	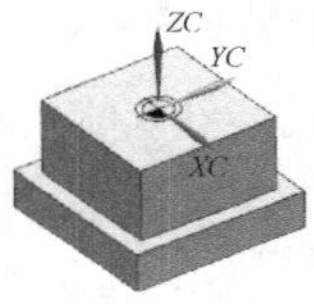	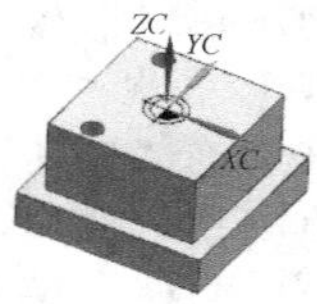
第 4 步　铣削 45°空间倾斜面	第 5 步　铣削 ϕ12H7 型腔	第 6 步　铣削开放凹槽轮廓
	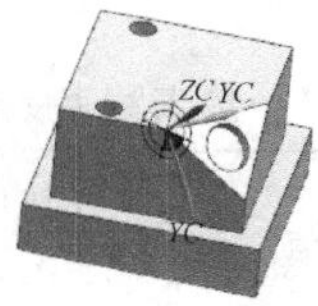	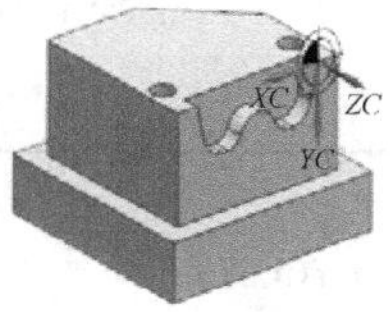

4.2.2　编程方式及过程

（1）编程方式　采用 CYCLE800 沿轴回转模式和"programGUIDE"形式编程。

（2）编程过程

1）摆动循环 CYCLE800 初始设置。为了实现零件的安全、正确加工，首先要完成摆动循环 CYCLE800 初始设置的设定工作，使工作台处在"零位"，其操作步骤及参数设定见表 4-18。

表 4-18　摆动循环 CYCLE800 初始设置

设置方法	操作步骤	参数设置
在程序编辑界面中进行 CYCLE800 的基本设置，按软键【其它】，按软键【回转平面】出现"回转平面"界面，按软键【基本设置】，实现回转平面参数所有设定数据的全部清零（基本设置）	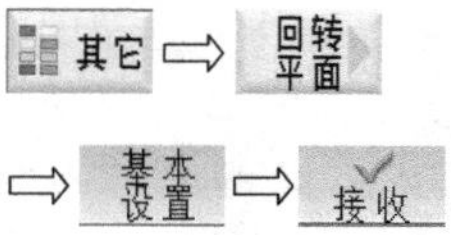 【其它】⇒【回转平面】 ⇒【基本设置】⇒【接收】	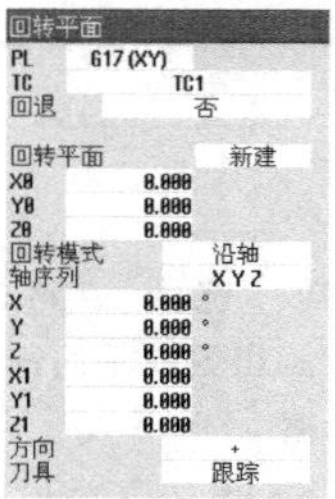

2）设置毛坯，其操作步骤及参数设定见表 4-19。

表 4-19　新建程序与设置毛坯操作

设置方法	操作步骤	基本设置参数
建立毛坯：先按软键〖其它〗，再按软键〖毛坯〗，在"毛坯"对话框中设置 60mm × 60mm × 50mm 的毛坯	其它 ⟹ 毛坯 ⟹ 确认	毛坯　　　中心六面体 W　　60.000 L　　60.000 HA　　0.500 HI　　-50.000 inc

3）调用 ϕ63mm 面铣刀，见表 4-20。

表 4-20　调用 ϕ63mm 面铣刀的操作

设置方法	操作步骤	基本设置参数
先按【INPUT】键，使光标换行，再按软键〖编辑〗，然后按软键〖选择刀具〗，出现"刀具表"。操作光标停留在"刀具名称"中"FACEMILL 63"一行，按软键〖确认〗，完成面铣刀 ϕ63mm 的调用	INPUT ⟹ 编辑 ⟹ 选择刀具 ⟹FACEMILL 63 ⟹ 确认	刀具表 CUTTER 4 CUTTER 6 CUTTER 10 CUTTER 12 CUTTER 20 CUTTER 60 FACEMILL 63

4）加工程序头的编写，见表 4-21。

表 4-21　加工程序头的编写

段号	程序	注释
N10	CYCLE800（1,"0"，200000，57，22，0，0，0，30，0，0，0，0，1，100，1）	CYCLE800 初始化设置
N20	WORKPIECE（,,," RECTANGLE "，0，0，- 50，- 80，60，60，）	创建中心六面体毛坯
N30	T = " FACEMILL 63"	调用 ϕ63mm 面铣刀
N40	M6	换刀到主轴
N50	S5000 M3	启动主轴
N60	G54 G0 X0 Y0 Z100 M8	确定工件原点

5）使用平面铣削循环 CYCLE61 铣削上表面，见表 4-22。

表 4-22　平面铣削参数的设置

设置方法	操作步骤	基本设置参数
先按软键〖铣削〗，再按软键〖平面铣削〗，出现"平面铣削"参数设置对话框	铣削 ⟹ 平面铣削 ⟹ 接收	平面铣削 PL　　G17 (XY) RP　　100.000 SC　　1.000 F　　　0.000 加工 方向 X0　　-30.000 Y0　　-30.000 Z0　　0.500 X1　　30.000 abs Y1　　30.000 abs Z1　　0.500 inc DXY　75.000 % UZ　　0.000

6) 调用 φ5mm 钻头，使用循环 CYCLE82 指令加工孔 φ5mm，见表 4-23。

表 4-23　钻孔参数的设置

设置方法	操作步骤	基本设置参数
先按水平软键〖钻削〗，再按软键〖钻削铰孔〗，然后按垂直软键〖钻削〗，出现"钻削"参数设置对话框，最后按软键〖接收〗	钻削 ⇒ 钻削铰孔 ⇒ 钻削 ⇒ 接收	钻削 输入　　　　　完全 PL　　　G17 (XY) RP　　　100.000 SC　　　1.000 　　　位置模式(MCALL) Z0　　　刀杆 Z1　　　10.000 inc 孔定位　　否 底部钻削　否 DT　　　0.000 s

7) 调用 φ12mm 立铣刀，使用凸台铣削循环 CYCLE76 指令进行矩形凸台的铣削，见表 4-24。

表 4-24　矩形凸台铣削参数的设置

设置方法	操作步骤	基本设置参数
先按软键〖铣削〗，再按软键〖多边形凸台〗，然后按软键〖矩形凸台〗，出现"矩形凸台"参数设置对话框	铣削 ⇒ 多边形凸台 ⇒ 矩形凸台 ⇒ 接收	矩形凸台 输入　　　　　完全 PL　　　G17 (XY)　　顺铣 RP　　　100.000 SC　　　1.000 F　　　2000.000 F2　　　800.000 参考点 加工 　　　　　单独位置 X0　　　0.000 Y0　　　0.000 Z0　　　0.000 W1　　　60.000 L1　　　50.000 L　　　50.000 R　　　0.000 α0　　　0.000 ° Z1　　　25.000 inc DXY　　3.000 UZ　　　0.100

8) 使用 CYCLE800 指令编写 45°空间倾斜面程序。定向加工 45°空间倾斜面编程参数说明：工作台回退方向选择"最大刀具方向"，回转平面选择"新建"，回转模式选择"沿轴"，轴序列选择"ZYX"，方向选择"−"（顺时针转动），刀具选择"不跟踪"。工件坐标系首先沿 X 轴正方向平移 3mm，Y 轴负方向平移 25mm，然后绕 Z 轴旋转 −45°（顺时针转动），最后绕 Y 轴旋转 45°，完成"三个步骤"定位后（表 4-25），定义 CYCLE61 平面铣削循环加工 45°空间倾斜面的参数（图 4-10）。

表 4-25　铣削 45°空间倾斜面回转参数与步骤

回转参数设置	回转步骤 1	回转步骤 2	回转步骤 3
回转平面 PL　　G17 (XY) TC　　　　TC1 回退　　　Z 回转平面　　新建 X0　　3.000 Y0　　−25.000 Z0　　0.000 回转模式　　沿轴 轴序列　　Z Y X Z　　−45.000 ° Y　　45.000 ° X　　0.000 ° X1　　0.000 Y1　　0.000 Z1　　0.000 选择 　　　刀具			

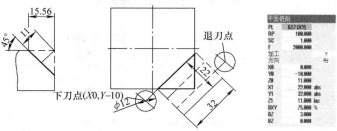

图 4-10　45°空间倾斜面的 CYCLE61 参数设置与刀具轨迹

也可以根据图 4-9 中的尺寸数据，计算出 Z0 数值：$Z0 = 15.56\text{mm} \times \cos45° = 11.0009\text{mm}$

9）调用 $\phi6$mm 立铣刀。在 45°空间倾斜面回转参数的基础上，使用圆形腔循环 POCKET4B 编写 ϕ12H7 程序，见表 4-26。

表 4-26　圆形腔铣削参数的设置

设置方法	操作步骤	基本设置参数
先按软键〖铣削〗，再按软键〖型腔〗，然后按软键〖圆形腔〗，出现"圆形腔"参数设置对话框	铣削 ⇒ 型腔 ⇒ 圆形腔 ⇒ 接收	圆形腔 输入　　　　　完全 PL　　G17 (XY)　顺铣 RP　　100.000 SC　　1.000 F　　　800.000 加工 　　　　　平面式 　　　　　单独位置 X0　　0.000 Y0　　15.560 Z0　　0.000 Z1　　3.000 inc DXY　60.000 % DZ　　2.000 UXY　0.200 UZ　　0.000 下刀方式　螺线 EP　　1.000 ER　　1.000 扩孔加工　　5；无扩孔加工

10）使用 CYCLE800 指令编写左侧开放轮廓凹槽程序。定向加工 45°空间倾斜面编程参数说明：工件坐标系首先沿 X 轴负方向平移 25mm，Y 轴负方向平移 19mm，然后绕 Z 轴旋转 $-90°$（顺时针转动），最后绕 X 轴旋转 90°，完成"三个步骤"定位后（表 4-27），新建开放轮廓凹槽"AA"程序块（图 4-11，图 4-12），使用 CYCLE62 指令调用轮廓，型腔铣削循环 CYCLE63 定义加工参数设置（图 4-13）。

表 4-27　铣削右侧 45°大斜角回转参数与步骤

回转参数设置	回转步骤 1	回转步骤 2	回转步骤 3
回转平面 PL　　G17 (XY) TC　　TC1 回退　　t., Z 回转平面　　新建 X0　　-25.000 Y0　　-19.000 Z0　　0.000 回转模式　沿轴 轴序列　　Z X Y Z　　-90.000 ° X　　90.000 ° Y　　0.000 ° X1　　0.000 Y1　　0.000 Z1　　0.000 选择 刀具			

新建轮廓"AA"步骤：

图 4-11　开放轮廓凹槽创建

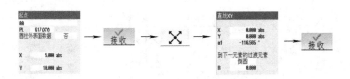

图 4-12　开放轮廓凹槽程序块 "AA" 创建过程

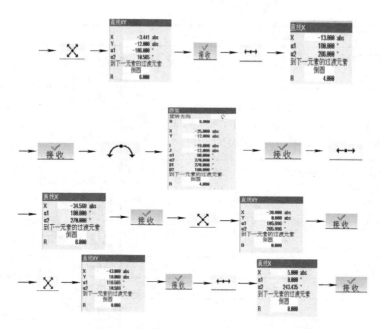

图 4-12　开放轮廓凹槽程序块"AA"创建过程（续）

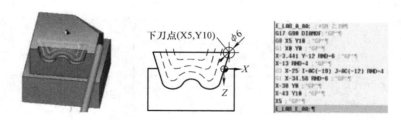

图 4-13　开放轮廓凹槽程序块与刀具轨迹

4.2.3　"开放轮廓凹槽"部位的参考加工程序，见表 4-28

表 4-28　"开放轮廓凹槽"部位的参考加工程序（PROG4_2. MPF）

段号	程序	注释
N10	CYCLE800（1," TC1", 100000, 57, 0, 0, 0, 0, 0, 0, 0, 0, 0, −1, 100, 1）	CYCLE800 初始设置
N20	WORKPIECE（,"",," RECTANGLE", 0, 0.5, −50, −80, 60, 60）	创建毛坯
N30	T = " FACEMILL 63"	选用 ϕ63mm 面铣刀
N40	M6	换刀到主轴
N50	S5000 M3	启动主轴
N60	G54 G0 X0 Y0 Z100 M8	确定工件原点
N70	CYCLE61（100, 0.5, 1, 0.5, −30, −30, 30, 30, 3, 75, 0, 800, 32, 0, 1, 11011）	铣削工件表面

（续）

段号	程序	注释
N80	T = " CUTTER 12"	选用 ϕ12mm 立铣刀
N90	M6	换刀到主轴
N100	S5000 M3	启动主轴
N110	CYCLE76（100, 0, 1,, 25, 50, 50, 0.3, 0, 0, 0, 3, 0.2, 0.1, 2000, 800, 0, 1, 60, 60, 1, 2, 1100, 1, 101）	铣削矩形凸台
N120	CYCLE800（1,"TC1", 100000, 27, 3, -25, 0, -45, 45, 0, 0, 0, 0, -1, 100, 1）	定位到45°斜面
N130	G0 X0 Y -10	下刀点
N140	CYCLE61（100, 11, 1, 11, 0, -10, 22, 32, 3, 75, 0, 2000, 41, 0, 1, 11011）	铣削45°斜面
N150	T = " CUTTER 6"	选用 ϕ6mm 立铣刀
N160	M6	换刀到主轴
N170	S5000 M3	启动主轴
N180	POCKET4（100, 0, 1, 3, 12, 8, 15.56, 2, 0.2, 0, 800, 0.1, 0, 21, 60, 9, 15, 1, 1, 0, 1, 2, 10100, 111, 111）	粗加工 ϕ12H7 孔
N190	POCKET4（100, 0, 1, 3, 12, 8, 15.56, 3, 0.2, 0, 800, 0.1, 0, 24, 60, 9, 15, 1, 1, 0, 1, 2, 10100, 111, 111）	精加工 ϕ12H7 孔
N200	CYCLE800（1,"TC1", 100000, 39, -25, -19, 0, -90, 90, 0, 0, 0, 0, -1, 100, 1）	定位到开放凹槽轮廓
N210	G0 X5 Y10 Z100	下刀点
N220	Z3	定位到钻孔位置
N230	CYCLE62("AA", 1,,)	调用轮廓程序块 "AA"
N240	CYCLE63（"aa", 10001, 100, 0, 1, -5, 1500, 500, 60, 2, 0, 0, 0, 10, 5, 2, 2, 15, 1, 2,"", 1,, 0, 101, 110）	使用型腔铣削循环加工加工轮廓
N250	CYCLE800（1,"TC1", 100000, 57, 0, 0, 0, 0, 0, 0, 0, 0, 0, -1, 100, 1）	取消 CYCLE800
N260	T = " DRILL 5"	选用 ϕ5mm 钻头
N270	M6	换刀到主轴
N280	S800 M3	启动主轴
N290	G0 X -13 Y20	孔位置设置1
N300	CYCLE82（100, 0, 1,, 10, 0, 10, 1, 11）	孔加工参数设置
N310	G0 X -13 Y -20	孔位置设置2
N320	CYCLE82（100, 0, 1,, 10, 0, 10, 1, 11）	孔加工参数设置
N330	G0 Z200	

（续）

段号	程序	注释
N340	M30	程序结束
N320	E_LAB_A_AA：；#SM Z：20	开放轮廓凹槽程序块"AA"
	G17 G90 DIAMOF；＊GP＊	
	G0 X5 Y10；＊GP＊	
	G1 X0 Y0；＊GP＊	
	X − 3.441 Y − 12 RND = 6；＊GP＊	
	X − 13 RND = 4；＊GP＊	
	G3 X − 25 I = AC（−19）J = AC（−12）RND = 4；＊GP＊	
	G1 X − 34.56 RND = 6；＊GP＊	
	X − 38 Y0；＊GP＊	
	X − 43 Y10；＊GP＊	
	X5；＊GP＊	
	E_LAB_E_AA：	

4.3　通槽双斜面零件的编程与加工练习

本练习要应用 CYCLE800 回转平面进行"3 + 2"定位加工方式，主要学习回转平面的使用，涉及凸台铣削、钻孔、轮廓铣削、平面铣削，并且使用 ShopMill 方式编程。

4.3.1　加工任务描述

如图 4-14 所示的通槽双斜面零件，是在 φ90mm 圆柱上加工出尺寸为 60mm × 60mm × 50mm 的四方凸台，在四方凸台上铣削出一个斜面通槽，两个内侧面中一个为斜面，一个为 8mm 厚的直立面，再在两个侧面上钻一个 φ12mm 同轴通孔。本零件使用 CYCLE800 定向循环指令，利用钻

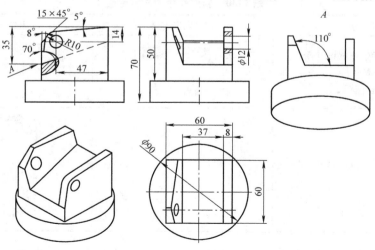

图 4-14　通槽双斜面零件

孔、轮廓铣削、平面铣削循环完成侧面孔和斜面的加工。为了简化学习的过程，根据案例的特点与拓展学习，本练习使用 2 把刀具，分别为 ϕ12mm 立铣刀、ϕ12mm 麻花钻头。

通槽双斜面零件铣削的具体步骤见表 4-29。

表 4-29　通槽双斜面零件的铣削过程

铣削四方凸台	铣削 60mm×37mm 斜底通槽	铣削斜底通槽的侧壁
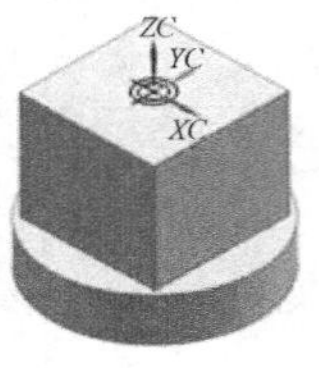	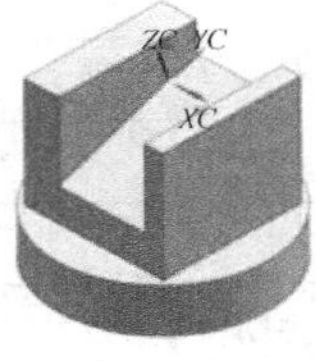	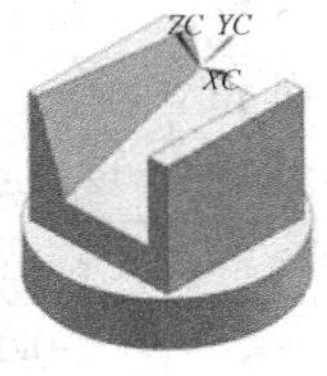
ϕ12mm 立铣刀 T = CUTTER 12	ϕ12mm 立铣刀 T = CUTTER 12	ϕ12mm 立铣刀 T = CUTTER 12
铣削 15mm 的倒斜角	铣削 R10mm 的圆弧	钻 ϕ12mm 通孔
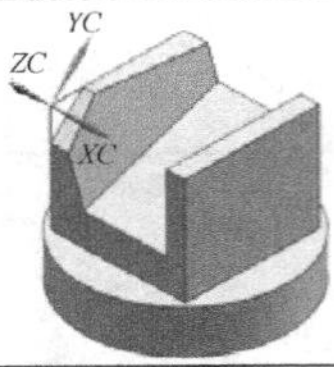	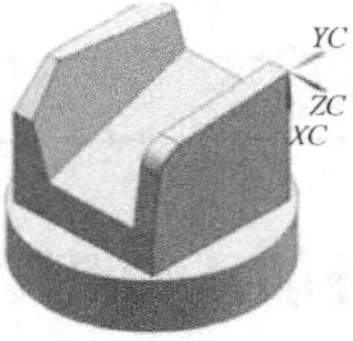	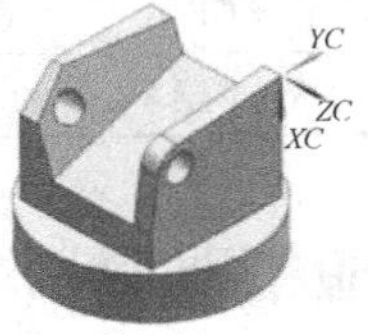
ϕ12mm 立铣刀 T = CUTTER 12	ϕ12mm 立铣刀 T = CUTTER 12	ϕ12mm 麻花钻 T = DRILL 12

4.3.2　编程方式及过程

1. 铣削四方凸台

1）新建程序，设置毛坯，其操作过程见表 4-30。

表 4-30　新建程序，设置毛坯

设置方法	按键操作步骤	基本设置参数
在程序编辑界面，按软键〖新建〗，再按软键〖ShopMill〗，输入名称"PROG4"，按软键〖确认〗	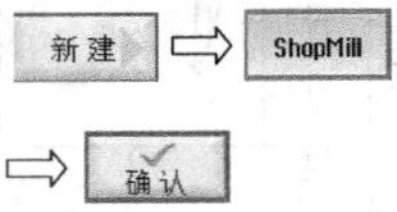	
跳转到程序开头界面，设置 ϕ90mm ×70mm 的毛坯		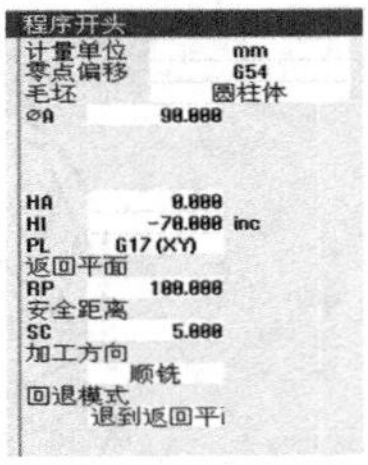

2）先进行 1 次摆动循环 CYCLE800 的初始化设置，取消以前所有的回转，见表 4-31。

表 4-31　摆动循环 CYCLE800 的初始化设置

设置方法	操作步骤	设置参数
在程序编辑界面，进行 CYCLE800 的基本设置，通过在程序编辑界面中按软键〖其它〗，按软键〖回转平面〗出现"回转平面"界面，按软键〖基本设置〗，实现回转平面参数所有设定数据的全部清零（基本设置参数） 注意，回退一定要选择"最大刀具方向"，沿 Z 轴回退到刀具最大位置	〖其它〗 ⟹ 〖回转平面〗 ⟹ 〖基本设置〗	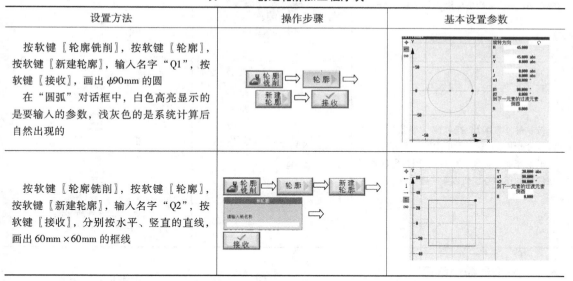

通常情况下回转平面的设定采取"平移—旋转—平移"的步骤。首先旋转前平移 WCS（工件坐标系），然后围绕新参考点旋转 WCS，回转后在新回转平面上平移 WCS。但在程序开始时要先进行基本设置，把"平移—旋转—平移"的数据全清零。

3）建立和调用 φ12mm 刀具，请参考本书"机床刀具表的创建"一节。

4）创建四方轮廓和 φ90mm 圆的轮廓加工程序块，见表 4-32。

表 4-32　创建轮廓加工程序块

设置方法	操作步骤	基本设置参数
按软键〖轮廓铣削〗，按软键〖轮廓〗，按软键〖新建轮廓〗，输入名字"Q1"，按软键〖接收〗，画出 φ90mm 的圆 在"圆弧"对话框中，白色高亮显示的是要输入的参数，浅灰色的是系统计算后自然出现的	〖轮廓铣削〗 ⟹ 〖轮廓〗 ⟹ 〖新建轮廓〗 ⟹ 〖接收〗	
按软键〖轮廓铣削〗，按软键〖轮廓〗，按软键〖新建轮廓〗，输入名字"Q2"，按软键〖接收〗，分别按水平、竖直的直线，画出 60mm×60mm 的框线	〖轮廓铣削〗 ⟹ 〖轮廓〗 ⟹ 〖新建轮廓〗 请输入轮廓名称 〖接收〗	

5）调用轮廓铣削，进行凸台的铣削，见表 4-33。

表 4-33　凸台铣削参数的设置

设置方法	操作步骤	基本设置参数
按软键〖轮廓铣削〗，再按软键〖凸台〗，设置参数，然后按软键〖接收〗	〖轮廓铣削〗 ⟹ 〖凸台〗 〖接收〗	

2. 铣削 60mm × 37mm 的斜底通槽（表 4-34）

分析通槽结构，把坐标系放在斜底通槽底平面上，这时沿 X 轴平移 3.5mm（通槽底平面宽度尺寸的中间位置），绕 X 轴旋转 20°，此时用 CAD 软件测量旋转后的原点到底平面的距离为 22.629mm，底平面到工件最高点位距离为 27.759mm，如图 4-15 所示。

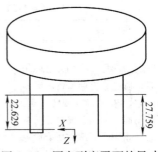

图 4-15　原点到底平面的尺寸

表 4-34　斜底通槽铣削参数的设置

设置方法	图示	设置参数
调用 CYCLE800 指令，在程序编辑界面中按软键〖其它〗，按软键〖回转平面〗出现"回转平面"界面。输入参数：X 轴旋转 20°，旋转后坐标沿 X 轴平移 3.5mm	其它 ⇒ 回转平面	回转平面　TC　TC1 T　　　　　　　D 1 回退　　　　　t, Z 回转平面　　　新建 X0　0.000 Y0　0.000 Z0　0.000 回转模式　　　沿轴 轴序列　　　　X Y Z X　20.000 ° Y　0.000 ° Z　0.000 ° X1　3.500 Y1　0.000 Z1　0.000 选择 刀具
按软键〖铣削〗，按软键〖型腔〗，按软键〖矩形腔〗，在对话框中输入参数 W 是宽度，要大于 60mm，因为坐标系不在斜面的正中心，所以要大些	铣削 ⇒ 型腔 ⇒ 矩形腔	T　CUTTER 12　D 1 F　1000.000 mm/min S　3000 rpm 参考点 加工 　　　　单独位置 X0　0.000 Y0　0.000 Z0　0.000 W　90.000 L　37.000 R　0.000 α0　0.000 ° Z1　-22.629 inc DXY　50.000 % DZ　5.000 UXY　0.000 UZ　0.000 下刀方式　　　螺线 EP　2.000 mm/rev ER　0.000 扩孔加工　　　5、无扩孔加工

3. 铣削通槽侧斜面

这个侧斜面不能用刀具底端加工，因为会干涉，所以只能用刀具侧刃进行铣削。用 CAD 软件测量新的工作坐标系与最初的 G54 原点之间，需要沿着 X 轴平移 −15mm，沿 Y 轴平移 30mm，绕 X 轴旋转 20°，Z 轴平移 −13.162mm 绕 Y 轴旋转 −20°，形成新的坐标系，如图 4-16 所示。

侧斜面加工参数的设置，见表 4-35。

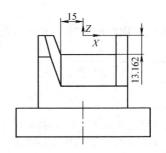

图 4-16　原点到斜面的尺寸

表 4-35　侧斜面加工的参数设置

设置方法	图示	设置参数
在程序编辑界面中按软键〖其它〗选项，按软键〖回转平面〗出现"回转平面"界面，输入参数：坐标沿 X 轴平移 −15mm，Y 轴平移 30mm，Z 轴平移 −13.162mm。绕 X 轴旋转 20°，绕 Y 轴旋转 −20°	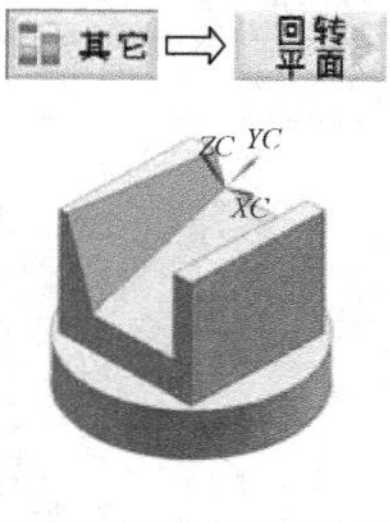	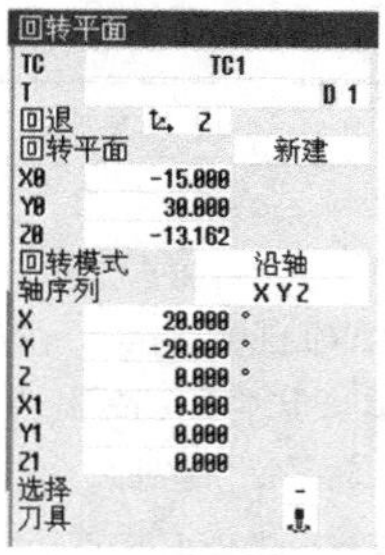
按软键〖轮廓铣削〗，按软键〖轮廓〗，按软键〖新建轮廓〗，输入名字"Q3"，按软键〖接收〗，画出一条长 65mm 的直线段：坐标点（0，0），直线（0，−65）	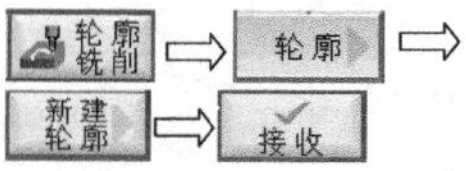	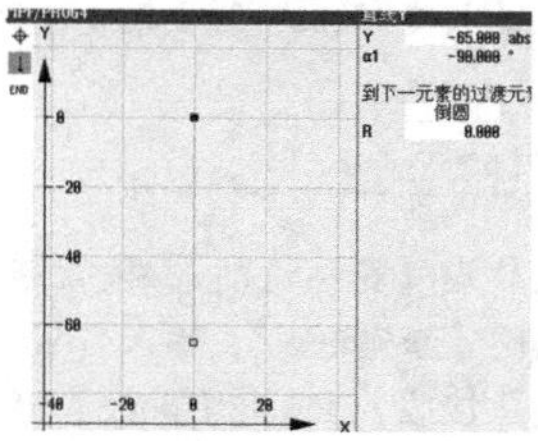
按软键〖轮廓铣削〗，再按软键〖路径铣削〗，输入参数	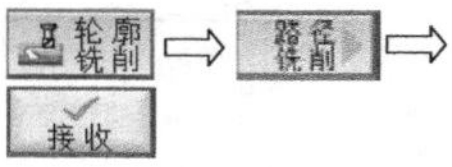	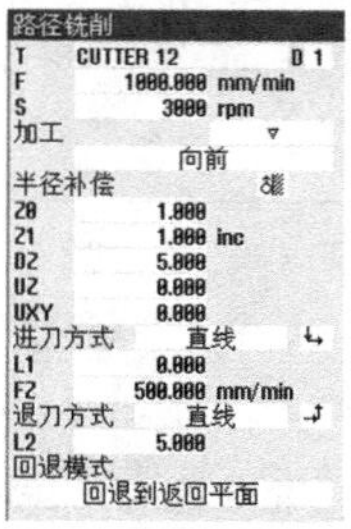

4. 铣削 15mm 的斜角（表 4-36）

工作坐标系定于（X - 30，Y - 30，$Z0$）这一点，再绕 X 轴旋转 45°，作为新的坐标系。

表 4-36　铣削 15mm 斜角的参数设置

设置方法	图示	设置参数
调用 CYCLE800 指令，在程序编辑界面中按软键〖其它〗，再按软键〖回转平面〗出现"回转平面"界面 输入参数：坐标沿着 X 轴平移 −30mm，沿着 Y 轴平移 −30mm。绕 X 轴旋转 45°	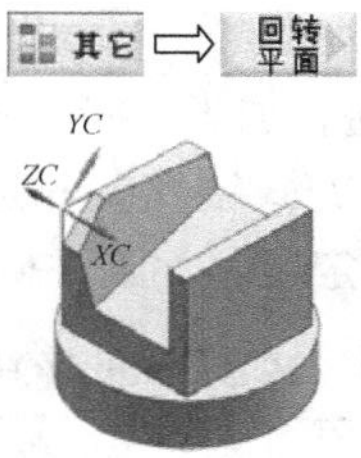	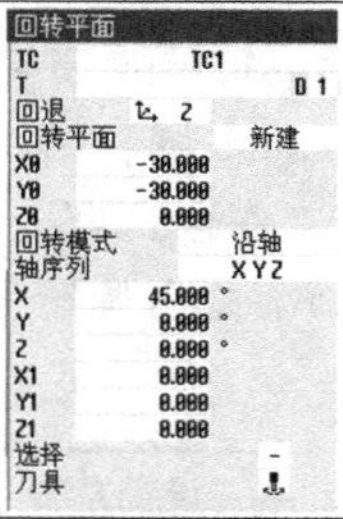
	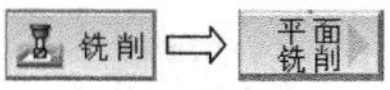	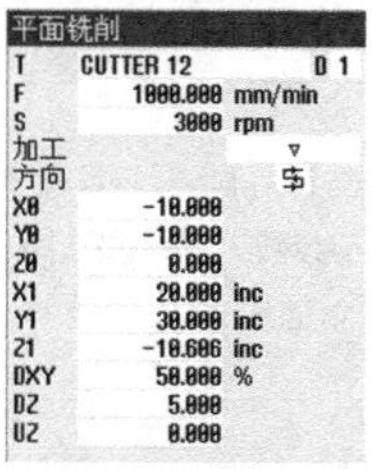

5. 铣削 *R*10mm 圆弧面及连接平面

铣削 8mm 厚直立面的 *R*10mm 圆弧面及连接平面的操作过程见表 4-37。

表 4-37　铣削 *R*10mm 圆弧面及连接平面的参数设置

设置方法	图示	设置参数
调用 CYCLE800 指令，在程序编辑界面中按软键〖其它〗，按软键〖回转平面〗出现"回转平面"界面 输入参数：坐标沿着 *X* 轴平移30mm，沿着 *Y* 轴平移30mm，绕 *Y* 轴旋转90°	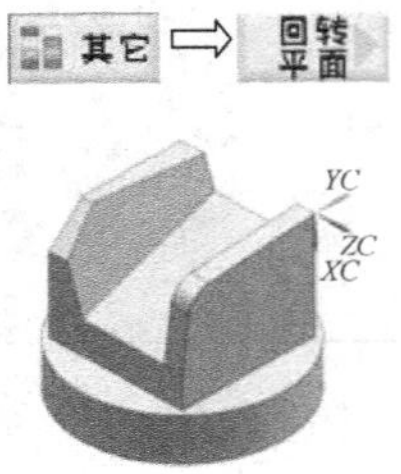 〖其它〗 ⇒〖回转平面〗	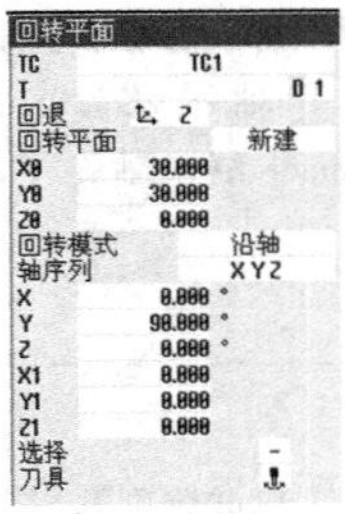 回转平面 TC　TC1　D1 回退 回转 X0 30.000 Y0 30.000 Z0 0.000 回转模式 沿轴 轴序列 X Y Z X 0.000 Y 90.000 Z 0.000 X1 0.000 Y1 0.000 Z1 0.000 选择刀具
按软键〖轮廓铣削〗，按软键〖轮廓〗，按软键〖新建轮廓〗，输入名字"Q4"，按软键〖接收〗，画出轮廓线。坐标点（0，0），直线（4.186，－47.843），圆弧（12.756，－56.874，8），直线（35，－60）	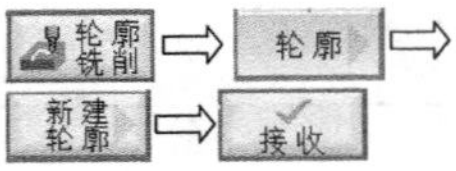 〖轮廓铣削〗⇒〖轮廓〗⇒ 〖新建轮廓〗⇒〖接收〗	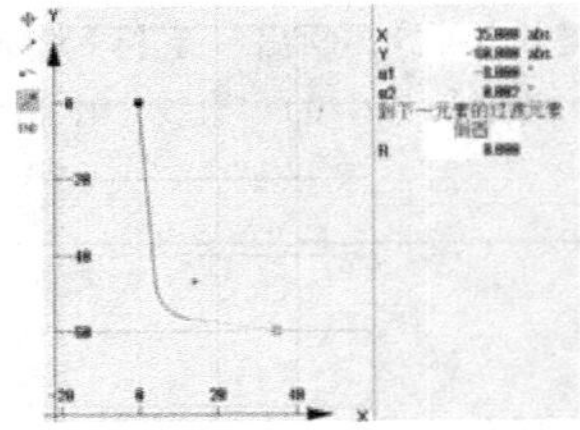
按软键〖轮廓铣削〗，再按软键〖路径铣削〗，输入参数	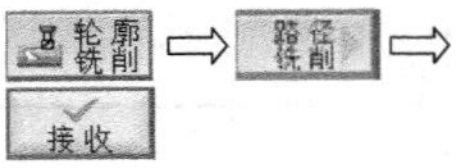 〖轮廓铣削〗⇒〖路径铣削〗⇒ 〖接收〗	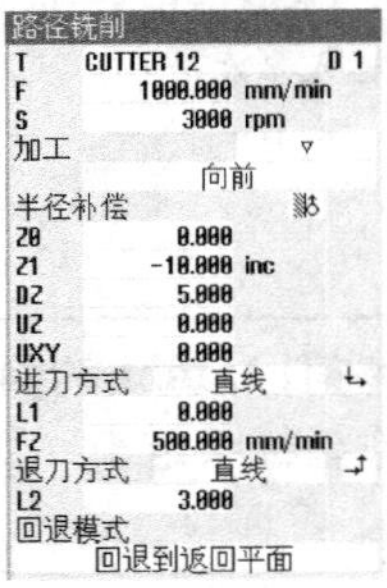 路径铣削 T CUTTER 12　D1 F 1000.000 mm/min S 3000 rpm 加工 向前 半径补偿 默 Z0 0.000 Z1 -10.000 inc DZ 5.000 UZ 0.000 UXY 0.000 进刀方式 直线 L1 0.000 F2 500.000 mm/min 退刀方式 直线 L2 3.000 回退模式 回退到返回平面

6. 钻 *φ*12mm 通孔

换 *φ*12mm 麻花钻，进行 *φ*12mm 通孔加工。接上一步，在步骤 5 的基础上钻直立面上的孔，不需旋转工作台，直接钻孔。ShopMill 方式钻孔要先选择钻孔命令，再指定钻孔位置（*X*0 = 14，*Y*0 = －47）。之后旋转工作台进行新的定位，加工左侧斜壁上的孔，参数见表 4-38。

表 4-38　钻 *φ*12mm 通孔的参数设置

设置方法	图示	设置参数
按软键〖钻削〗，再按软键〖钻削铰孔〗，输入参数，按软键〖接收〗 钻削直立面上的孔	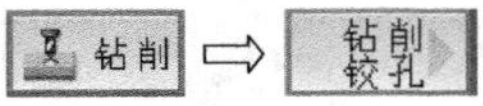 〖钻削〗⇒〖钻削铰孔〗	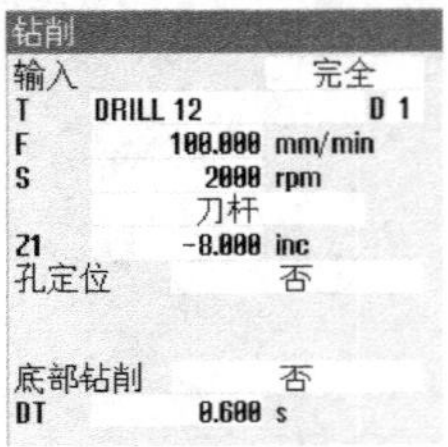 钻削 输入 完全 T DRILL 12　D1 F 100.000 mm/min S 2000 rpm 刀杆 Z1 -8.000 inc 孔定位 否 底部钻削 否 DT 0.600 s

（续）

设置方法	图示	设置参数
按软键〖钻削〗，再按软键〖位置〗，输入孔的圆心坐标，按软键〖接收〗	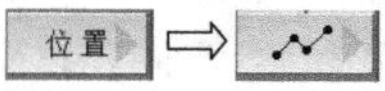 位置 ⟹	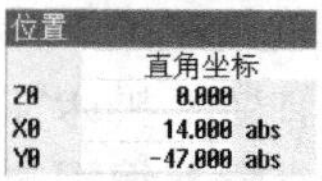 **位置** 　　　　　直角坐标 Z0　　　0.000 X0　　14.000 abs Y0　　−47.000 abs
调用 CYCLE800 指令，在程序编辑界面中按软键〖其它〗，按软键〖回转平面〗出现图所示的"回转平面"界面。输入参数：坐标沿 X 轴平移 − 30mm，沿 Y 轴平移 30mm，绕 Y 轴旋转 − 90°	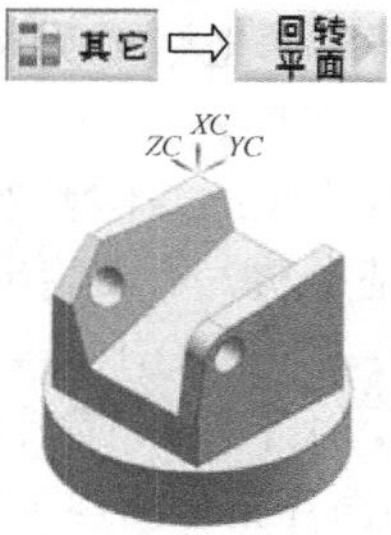 其它 ⟹ 回转平面 ZC XC YC	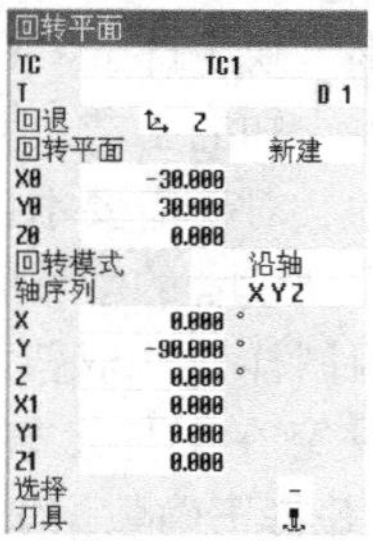 **回转平面** TC　　　　　TC1 T　　　　　　　　D 1 回退　　　　Z 回转平面　　L，Z　　新建 X0　　−30.000 Y0　　30.000 Z0　　0.000 回转模式　　沿轴 轴序列　　　X Y Z X　　　0.000 ° Y　　−90.000 ° Z　　　0.000 ° X1　　0.000 Y1　　0.000 Z1　　0.000 选择 刀具
按软键〖钻削〗，再按软键〖钻削铰孔〗，输入参数，按软键〖接收〗 钻削斜侧壁的孔	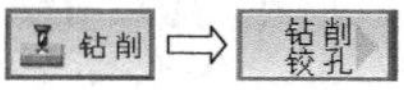 钻削 ⟹ 钻削铰孔	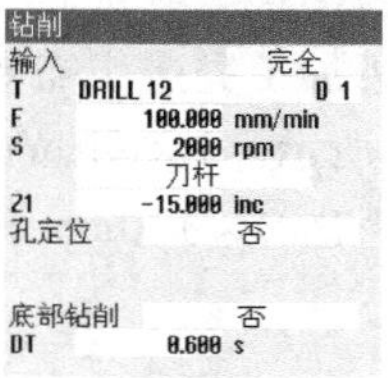 **钻削** 输入　　　　完全 T　　　DRILL 12　　D 1 F　　　100.000 mm/min S　　　2000 rpm 　　　　　刀杆 Z1　　−15.000 inc 孔定位　　　否 底部钻削　　否 DT　　0.600 s
按软键〖钻削〗，再按软键〖位置〗，输入孔的圆心坐标，按软键〖接收〗	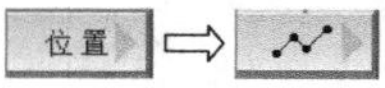 位置 ⟹	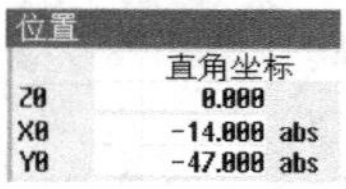 **位置** 　　　　　直角坐标 Z0　　　0.000 X0　　−14.000 abs Y0　　−47.000 abs

采用 ShopMill 编程方式编写的参考程序见表 4-39。

表 4-39　通槽双斜面零件的加工参考程序

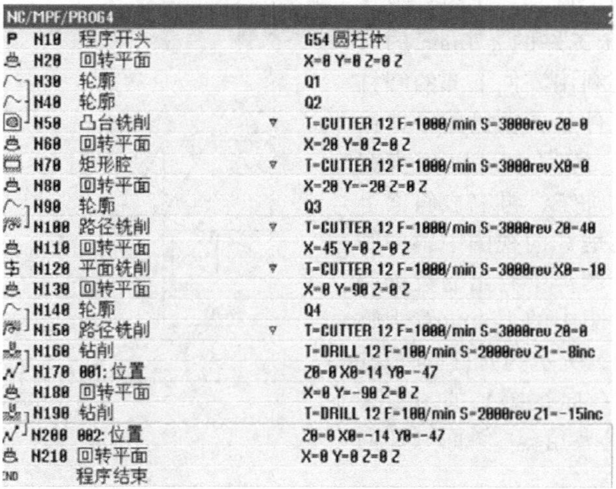

```
NC/MPF/PROG4
P  N10  程序开头        G54 圆柱体
   N20  回转平面        X=0 Y=0 Z=0 Z
   N30  轮廓            Q1
   N40  轮廓            Q2
   N50  凸台铣削      ▽ T=CUTTER 12 F=1000/min S=3000rev Z0=0
   N60  回转平面        X=20 Y=0 Z=0 Z
   N70  矩形腔          T=CUTTER 12 F=1000/min S=3000rev X0=0
   N80  回转平面        X=20 Y=−20 Z=0 Z
   N90  轮廓            Q3
   N100 路径铣削      ▽ T=CUTTER 12 F=1000/min S=3000rev Z0=40
   N110 回转平面        X=45 Y=0 Z=0 Z
   N120 平面铣削      ▽ T=CUTTER 12 F=1000/min S=3000rev X0=−10
   N130 回转平面        X=0 Y=−90 Z=0 Z
   N140 轮廓            Q4
   N150 路径铣削      ▽ T=CUTTER 12 F=1000/min S=3000rev Z0=0
   N160 钻削            T=DRILL 12 F=100/min S=2000rev Z1=−8inc
   N170 001:位置        Z0=0 X0=14 Y0=−47
   N180 回转平面        X=0 Y=−90 Z=0 Z
   N190 钻削            T=DRILL 12 F=100/min S=2000rev Z1=−15inc
   N200 002:位置        Z0=0 X0=−14 Y0=−47
   N210 回转平面        X=0 Y=0 Z=0 Z
  END  程序结束
```

4.4　3 + 2 轴定位编程与加工练习图样

本章提供的 3 + 2 轴定位编程与加工练习图样，旨在帮助读者在前面的编程练习基础上，进一步熟悉五轴空间变换 CYCLE800 指令的应用，提升 3 + 2 轴定位编程方法的应用技巧。在练习中，建议读者可根据自己的实际情况来取舍练习图样中的图素数量，循序渐进。读懂前六个编程语句格式范例，提倡养成良好的编写加工程序习惯，这不仅是为了要保证机床运行中的安全，也是提高五轴数控机床加工程序编制规范和生产加工效率的基本途径。

读者在学习编程中已经体会到，零件图所给出的尺寸数据有时不能包括全部编程需用的数据，特别是缺少部分 CYCLE800 指令需要的坐标转换数据和铣削高度或宽度数据，读者应事先准备好这些未知的工艺尺寸数据。完成这些准备工作，是需要熟练使用基本的初等代数和初等几何知识的，对于需要掌握五轴加工编程技能的操作者来说，也是必须掌握的基本技能之一。

为方便读者的学习和掌握编程的基本功，下面给出一些提示。

练习图样一"双斜面凸台"（图4-27）。该图样属于 3 + 2 轴定位编程与加工基础练习，编程原点可设定在工件上表面的中心处，对于双斜面需要去除材料的高度应事先计算出来（图4-17），并将正确数据填写在平面铣削循环指令的参数对话框中。

练习图样二"方框十字架"（图4-28）。其中80°（负角）斜面与10°斜面建议使用立铣刀侧刃与端刃加工完成，需要事先计算出坐标系平移位置和铣削深度，夹角斜面的参考工艺尺寸如图4-18 所示。$2 \times \phi10mm$ 孔有一部分是半孔型面，需要单独考虑其刀具选用和加工方式，也可以综合考虑 $2 \times \phi10mm$ 孔和 $2 \times \phi5mm$ 孔加工在整体工艺安排中的位置顺序。

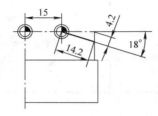

图 4-17　18°夹角斜面的参考工艺尺寸

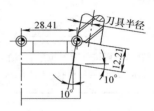

图 4-18　80°夹角斜面的参考工艺尺寸

练习图样三"双斜面圆柱"（图4-29）。双斜面圆柱零件是在准备好的 $\phi70mm$ 的圆柱毛坯上进行加工。可利用零件下部的圆柱体铣削出的平面，将工件装夹在机用平口钳上。该图样比较复杂，练习中可以分步完成，即先完成双斜面的加工，再完成斜面上的图素内容加工。特别是 C 向视图中斜面圆弧槽的加工，可以参考图样中给出的数据完成编程，提示：该零件图中的 1 点位置为临时坐标系原点。图 4-19 所示为加工与圆柱体轴线夹角 30°斜面（C 向视图）的参考工艺尺寸，与圆柱体轴线夹角 30°斜面（B 向视图）也可参考此尺寸。

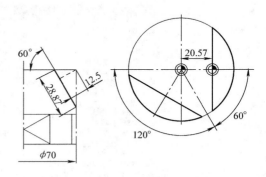

图 4-19　加工与圆柱体轴线夹角 30°斜面的
参考工艺尺寸

练习图样四"三角形框架"（图4-30）。该工件需要确定好工件坐标系原点，在后面的坐标系变换中，也需要多次转换保证数据的正确。图4-30 中给出了直线延长点的位置，作为准备工艺数据的参考。框架下部 70°斜面上还可以雕刻出文字，由读者自行安排。图 4-20 所示为两个 5°垂直斜面，一个双 4°斜面和一个 70°斜面的部分参考工艺尺寸。

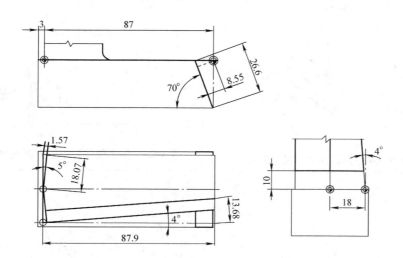

图 4-20　五个斜面的部分参考工艺尺寸

练习图样五 "香水瓶盖"（图 4-31）。瓶盖零件是在已经准备好的 40.5mm × 40.5mm 的毛坯基础上进行加工。瓶盖形状为对称结构，图 4-21 所示为加工四个 9.32°斜面的参考工艺尺寸，如图 4-22 所示为加工四个 27.12°斜面的参考工艺尺寸。

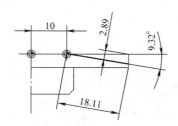

图 4-21　四个 9.32°斜面的参考工艺尺寸

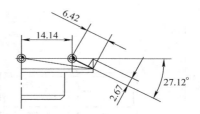

图 4-22　四个 27.12°斜面的参考工艺尺寸

练习图样六 "香水瓶体"（图 4-32）。瓶体零件是在已经准备好的 59mm × 59mm 的毛坯基础上进行加工。图 4-32 还给出了 A—A 剖视图，剖视图中标注的数据供编程使用。拔模斜面建议使用立铣刀侧刃加工。图 4-23 所示为加工 45°斜面参考工艺尺寸，图 4-24 所示为加工拔模斜面的参考工艺尺寸，图 4-25 所示为加工 C4 三角斜面的参考工艺尺寸，图 4-26 所示为加工瓶体对角棱平面的参考工艺尺寸。

瓶盖与瓶体零件加工后可以组合在一起。瓶盖的旋合螺纹部分、瓶体的瓶颈旋合螺纹部分可以简化为两个圆柱体配合（如 ϕ18mm）形状。

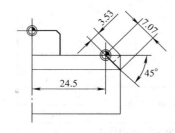

图 4-23　加工 45°斜面的参考工艺尺寸

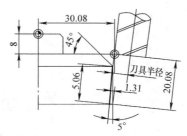

图 4-24　加工拔模斜面的参考工艺尺寸

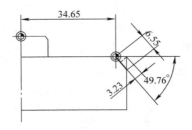

图 4-25 加工 C4 三角斜面的参考工艺尺寸

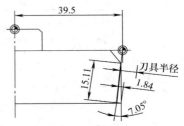

图 4-26 加工瓶体对角棱平面的参考工艺尺寸

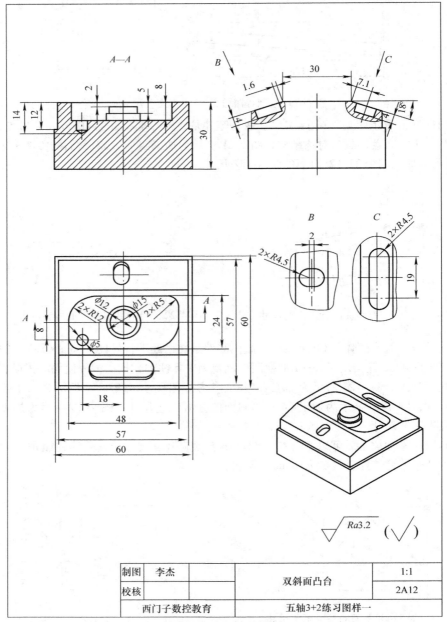

图 4-27 双斜面凸台

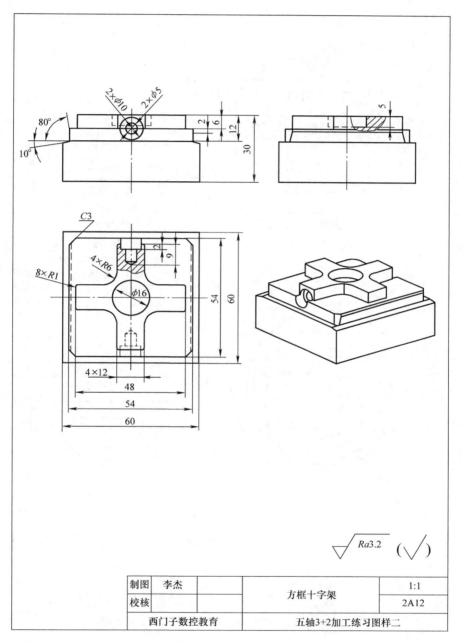

制图	李杰		方框十字架	1:1
校核				2A12
西门子数控教育			五轴3+2加工练习图样二	

图 4-28 方框十字架

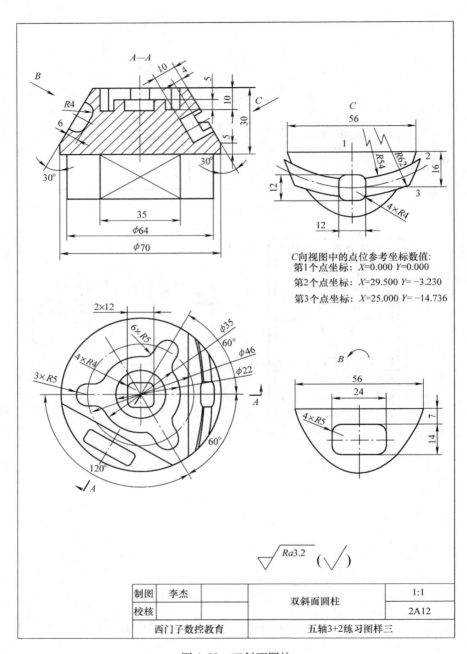

C向视图中的点位参考坐标数值：
第1个点坐标：X=0.000 Y=0.000
第2个点坐标：X=29.500 Y= -3.230
第3个点坐标：X=25.000 Y= -14.736

制图	李杰		双斜面圆柱	1:1
校核				2A12
西门子数控教育			五轴3+2练习图样三	

图4-29　双斜面圆柱

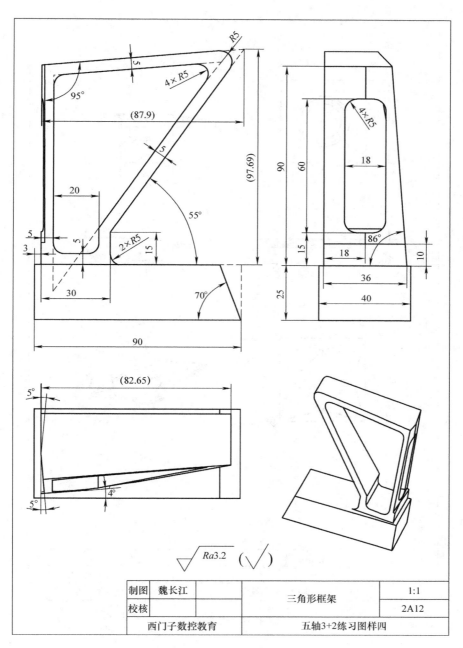

制图	魏长江		三角形框架	1:1
校核				2A12
西门子数控教育			五轴3+2练习图样四	

图 4-30　三角形框架

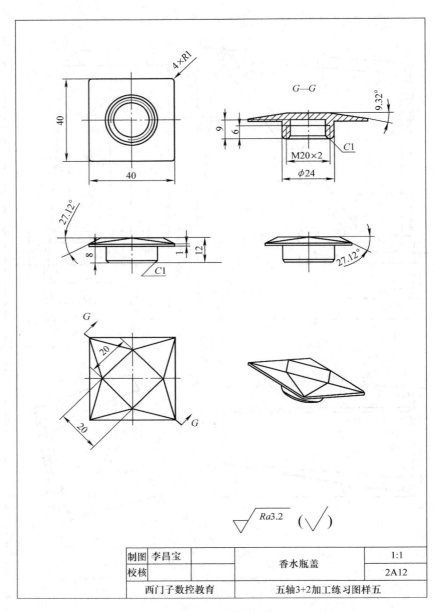

制图	李昌宝		香水瓶盖	1:1
校核				2A12
西门子数控教育			五轴3+2加工练习图样五	

图4-31 香水瓶盖

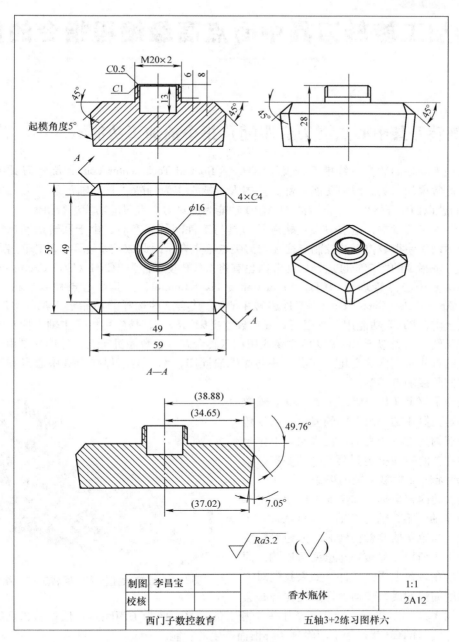

图 4-32　香水瓶体

第 5 章

五轴加工旋转刀具中心点高级编程指令的使用

5.1 旋转刀具中心点（刀尖跟随）指令的加工功能

现在很多高端的数控系统中都开发了 RTCP（Rotated Tool Center Point，旋转刀具中心点），也就是我们常说的刀尖点跟随功能（部分业内人士把它作为判断"真五轴"和"假五轴"的依据）。下面就以西门子 840D sl 自带的 TRAORI 功能为例对刀尖点跟随功能进行讲解。

在五轴加工技术中，追求刀尖点轨迹及刀具与工件间的姿态时，由于回转运动造成了刀尖点的附加运动，使得数控系统控制点往往与刀尖点不重合，因此数控系统要自动修正控制点，以保证刀尖点按指令的既定轨迹运动。在业内也有将 RTCP 技术称为 TCPM（Tool Centre Point Management，刀具中心点管理）、TCPC（Tool Center Point Control，刀具中心点控制）或者 RAPCP（Rotation Around Part Center Point，工件旋转中心）。其实这些称呼的功能定义都与 RTCP 类似。严格意义上讲，RTCP 功能用在双摆头式五轴数控机床结构上，是应用机床主轴上摆头旋转中心点来进行补偿。而类似于 RPCP 功能主要应用在双转台式五轴数控机床上，补偿的是由于工件旋转所造成的直线轴坐标的变化。其实这些功能殊途同归，都是为了保持刀具中心点和刀具与工件表面的实际接触点不变。

要完全了解 RTCP 功能，先要了解五轴数控机床中定义第 4 轴和第 5 轴的概念。以双转台结构的五轴数控机床为例，在双回转工作台结构中第 4 轴的转动影响到第 5 轴的姿态，第 5 轴的转动无法影响第 4 轴的姿态，第 5 轴为在第 4 轴上的回转坐标。如图 5-1 所示，机床第 4 轴为 B 轴，第 5 轴为 C 轴。工件摆放在 C 轴转台上，当第 4 轴 B 轴旋转时，因为 C 轴安装在 B 轴上，所以 C 轴姿态也会受到影响。同理，对于放在转台上面的工件，如果我们对刀具中心切削编程的话，转动坐标的变化势必会

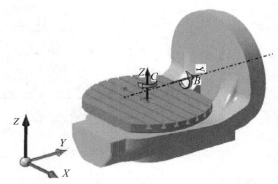

图 5-1 五轴数控机床双回转工作台结构

导致直线轴 X、Y、Z 坐标的变化，产生一个相对的位移。而为了消除这一段位移，机床势必要对其进行补偿，RTCP 就是为了消除这个补偿而产生的功能。

那么机床如何对这段偏移进行补偿呢？根据前文，我们都知道是由于旋转坐标的变化导致了直线轴坐标的偏移，分析旋转轴的旋转中心就显得尤为重要。对于双转台结构机床，C 轴也就是第 5 轴的控制点通常在机床工作台面的回转中心，如图 5-2a 所示。而第 4 轴通常选择第 4 轴轴线与第 5 轴轴线的相交点作为控制点，如图 5-2b 所示。

数控系统为了实现五轴控制，需要知道第 5 轴控制点与第 4 轴控制点之间的关系，即初始状态下（机床 B 轴、C 轴位于 0°位置）第 4 轴控制点为第 4 轴旋转坐标系，同时还需要知道 B 轴

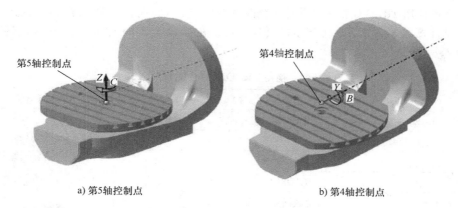

a) 第5轴控制点 　　　　　　　　　b) 第4轴控制点

图 5-2　双回转工作台各转轴控制点

轴线与 C 轴之间的距离，第 5 轴控制点的位置矢量 $[i, j, k]$。对于双转台式五轴数控机床，其两旋转轴轴线的距离如图 5-3 所示。

由图 5-3 中可以看出，对于具有 RTCP 功能的机床，机床数控系统能够保持刀尖点始终在被编程的位置上。在这种情况下，编程是独立的，与机床运动无关。在编程时，不用担心机床运动和刀具长度，编程者所需要考虑的只是刀具和工件之间的相对运动，余下的工作由数控系统完成计算。

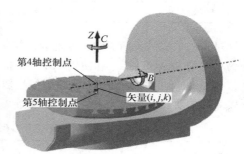

图 5-3　双转台式五轴数控机床两旋转轴轴线距离

在 SINUERIK 840D sl 中实现 RTCP 功能的指令是 TRAORI。TRAORI 指令根据机床的运动方向，用 CNC 程序编辑相关的位置和方向数据来形成刀具运动计算，数控系统在计算时考虑刀具的长度。

为了更直观地理解 TRAORI 指令，下面使用一个双摆头结构五轴数控机床（两个摆轴分别是 A 轴和 C 轴）的实例来进行说明。第一个实例只摆动 A 轴，程序又分为不使用 TRAORI 指令和使用 TRAORI 指令两种情况。从表 5-1 中可以看出不使用 TRAORI 指令，数控系统不考虑刀尖点的位置，刀具围绕 A 轴的中心旋转，刀尖被移出了当前位置，A 轴的运动改变的不仅仅是相对于工件的刀具定向，与此同时，空间中的刀尖也会运动，在 Z–X 平面形成了一个圆弧轨迹，这个轨迹导致刀尖偏离了其所在坐标系的当前位置。

表 5-1　不使用 TRAORI 指令时摆动 A 轴

程序	注释	机床运行结果
T =　"CUTTER 12"	准备调用的刀具名称	
M06	换刀	
…		
G01 A30 F1000	直线插补，A 轴旋转 30°	
…		
M05		
M30	程序结束	

表 5-2 中使用 TRAORI 指令，数控系统改变刀具的轴线方向，刀尖将停留在当前位置，数控系统会自动计算在 X、Y、Z 轴上产生的补偿运动，在补偿运动中线性轴用来确保回转轴运动时刀尖位置不变。

表 5-2　使用 TRAORI 指令时摆动 A 轴

程序	注释	机床运行结果
T = "CUTTER 12"	准备调用的刀具名称	
M06	换刀	
...		
TRAORI	TRAORI 指令激活	
G01 A30 F1000	直线插补，A 轴旋转 30°	
...		
M30	程序结束	

对第二个实例我们加大一点难度，要求机床沿着 X 轴做直线运动的同时摆动 A 轴，程序也分为不使用 TRAORI 指令和使用 TRAORI 指令两种情况。从表 5-3 中可以看出不使用 TRAORI 指令，A 轴和 X 轴同时运动，分别进行线性插补。对机床 X 轴和 A 轴进行直线轨迹编程，导致刀尖形成弯曲的轨迹，如图 5-4 所示中的轨迹①。

表 5-3　不使用 TRAORI 指令时 X 轴和 A 轴联动

程序	注释
T = "BALL_MILL_D8"	
M06	
S1000 M03 F1000	工艺数据（速度和进给等）
G54 D1	零点偏移和切削刃编号
G00 X0 Y0 A2 = 0 B2 = 0 C2 = 0	逼近 X、Y 轴起点，刀具方向平行于 Z 轴
Z5	快速到达安全距离
G01 Z0	逼近 Z 轴起点
X100 Y0 B2 = 45 F1000	ZX 平面内方向变更为 45°时的线性运动
G00 Z100	Z 轴方向回退
M05	
M30	程序结束

从表 5-4 中可以看出使用 TRAORI 指令，在进行 G1 编程时机床 X 轴和 A 轴会同时运动出一条与刀尖相关的直线。在该情况下由 Z 轴进行补偿运动，A 轴控制点的运动形成曲线轨迹，以便保持刀尖沿着直线运动。如图 5-4 所示中的轨迹②，是带有刀尖跟随的刀具运动轨迹。

表 5-4　使用 TRAORI 指令时 X 轴和 A 轴联动

程序	注释
T = "BALL_MILL_D8"	
M06	
S1000 M03 F1000	工艺数据（速度和进给等）
TRAORI	TRAORI 指令激活
ORIVECT	大圆弧插补

（续）

程序	注释
G54 D1	零点偏移和切削刃编号
G00 X0Y0A2 = 0B2 = 0C2 = 0	逼近 X、Y 轴起点，刀具方向平行于 Z 轴
Z5	快速到达安全距离
G01 Z0	逼近 Z 轴起点
X100 Y0 B2 = 45 F1000	ZX 平面内方向变更为 45°时的线性运动
G00 Z100	Z 轴方向回退
TRAFOOF	TRAORI 指令取消
M30	程序结束

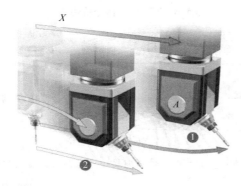

①不使用TRAORI指令时刀具的运动轨迹 ②使用TRAORI指令时刀具的运动轨迹

图 5-4　X 轴和 A 轴联动时刀具运动轨迹

5.2　削边凸台零件的 TRAORI 指令编程练习

本练习主要应用 SINUERIK 840D sl 数控系统中 TRAORI 指令进行 RTCP 加工。不同于前两章编程练习零件采用 "3 + 2" 定向加工，使用立铣刀的端刃进行切削。此零件采用立铣刀的侧刃和端刃加工，在五轴数控机床上加工的过程中，刀具中心点位置变化更加复杂。

5.2.1　加工任务描述

图 5-5 所示是 TRAORI 指令练习零件削边凸台的三维零件图。本练习使用 1 把 φ12mm 的立铣刀，毛坯尺寸为 60mm × 60mm ×80mm，材质为铝合金。根据图 5-6 所示中的相关信息，这个零件的特点是结构比较简单，零件的外形尺寸为 50mm × 50mm ×50mm，零件上有 90°V 形凹槽和 4 个 15°倾斜倒角。加工精度要求不高，在编程与加工过程中使用 TRAORI 指令。刀具中心点位置跟随进行了两次变化，在加工 15°倾斜倒角时刀具跟随点在刀具端面中心位置，

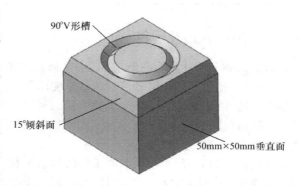

图 5-5　TRAORI 指令练习零件削边凸台的三维零件

93

如图5-7a所示。加工90°V形槽时刀具跟随点在距离刀具端面中心位置前15.213mm处，如图5-7b所示。数值15.213mm的计算参见图5-9中 RO' 的计算过程。

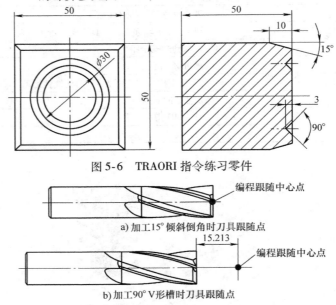

图 5-6　TRAORI 指令练习零件

a) 加工15°倾斜倒角时刀具跟随点

b) 加工90°V形槽时刀具跟随点

图 5-7　加工15°倾斜倒角时刀具跟随点在刀具端面中心位置

削边凸台零件的铣削加工过程见表5-5。

表 5-5　铣削加工过程

毛坯的建立	铣削 50mm×50mm×50mm 轮廓	铣削 15°边沿倾斜倒角	铣削 90°V 形凹槽
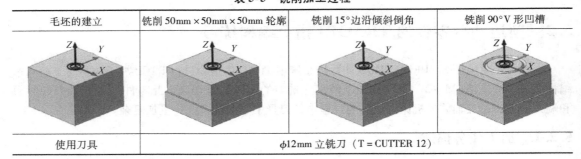			
使用刀具	ϕ12mm 立铣刀（T = CUTTER 12）		

5.2.2　编程方式及过程

（1）编程前的计算　在铣削加工15°倾斜倒角和90°V形凹槽时，由于使用了TRAORI指令，也就是使用了立铣刀的侧刃进行加工，这时工件倾斜了一定的角度，所以要对工件的倾斜角度及刀具轨迹位置进行计算。计算前，需要确定工件坐标系在毛坯上表面的中心，参见表5-5。

首先计算加工15°倾斜倒角时工件的倾斜度数。从图5-6所示的图样尺寸中可以看出，工件15°倾斜倒角围绕50mm×50mm的方形轮廓，与其垂直面的夹角为15°。因此可以直接得到加工时工件需旋转的角度。具体加工部位和加工时工件旋转的角度参

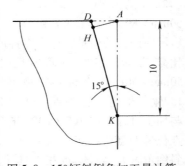

图 5-8　15°倾斜倒角加工量计算

见表 5-6。

表 5-6　15°倾斜倒角编程加工角度

位置 1	位置 2	位置 3	位置 4
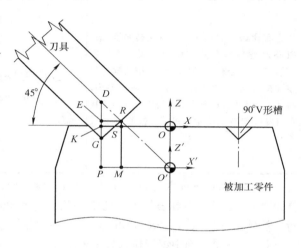			
$B = 15°$，$C = 0°$	$B = 15°$，$C = -90°$	$B = 15°$，$C = -180°$	$B = 15°$，$C = -270°$

加工 15°倾斜倒角时还要注意材料去除量是否过大。在图 5-8 中，AK 是倒角标注尺寸 10mm，$\angle AKD = 15°$。由图中可以看出 AH 为加工 15°倾斜倒角时的最大去除材料厚度。

$\therefore$　$AH = AK \times \sin15° = 10\text{mm} \times \sin15° = 2.589\text{mm}$

由计算的结果可以得知，使用直径 $\phi12\text{mm}$ 的刀具可以直接切削，不用分层加工。

最后计算 90°V 形凹槽相关数据。为了加工 90°V 形凹槽，刀具需要摆动 45°角度，如图 5-9 所示。为了编程方便，工作坐标系 ZOX 将沿着 Z 轴向下平移一段距离至 $Z'O'X'$，距离为线段 OO'，O' 点是刀具侧刃

图 5-9　90°V 形凹槽计算图

和端刃刚好在 90°V 形位置时刀具轴线与工件中心轴线的交点。这时刀具中心点 R 相对于 $Z'O'X'$ 坐标系的坐标值分别是 X' 轴方向的距离 MO' 和 Z' 轴方向的距离 RM。由于刀具直径 $\phi12\text{mm}$，$KG = 3\text{mm}$（V 形槽深度），则有 $DR = GR = 6\text{mm}$，$\angle EGR = 45°$，所以有：

$\because$　$DG = DR/\sin45° = 6/\sin45° = 8.485\text{mm}$。　$\therefore$　$DE = DG/2 = 4.243\text{mm}$。

$\because$　$PO' = DP = 15\text{mm}$，　$\therefore$　$RM = MO' = EP = DP - DE = 15\text{mm} - 4.243\text{mm} = 10.757\text{mm}$。

$OO' = EP - EK = EP - (DE - KG) = 10.757\text{mm} - (4.243\text{mm} - 3\text{mm}) = 9.514\text{mm}$。

$RO' = RM \times \sqrt{2} = 15.213\text{mm}$。（刀具端面中心点到跟随点的距离）

实际是把直径 $\phi12\text{mm}$ 的刀具长度补偿值增加了 15.213 mm。

（2）编写加工程序

1）新建程序，设置毛坯，见表 5-7。

表 5-7　新建程序与设置毛坯操作

设置方法	操作步骤	基本设置参数
在程序编辑界面，按软键〖新建〗，按软键〖programGUIDE G 代码〗，输入名称"TRAORI_1"，按软键〖确认〗	新建 确认 $\Rightarrow$ programGUIDE G代码 $\Rightarrow$	新建G代码程序 类型　　主程序MPF 名称 TRAORI_1

（续）

设置方法	操作步骤	基本设置参数
按软键〖其它〗，按软键〖毛坯〗，在"毛坯输入"对话框中选择毛坯类型为"中心六面体"，并且设置 60mm × 60mm × 80mm 的毛坯	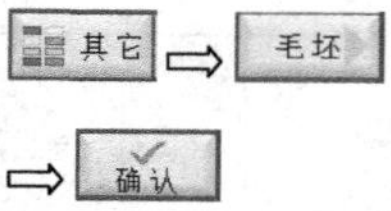 其它 ⇒ 毛坯 ⇒ 确认	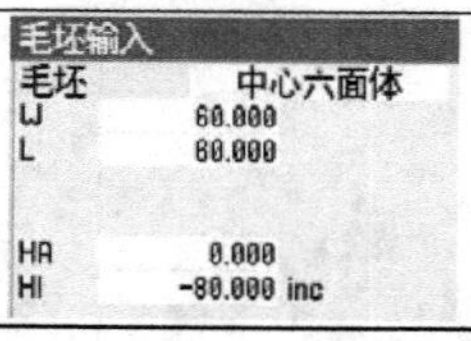 毛坯输入 毛坯　　　　中心六面体 W　　　　　　60.000 L　　　　　　60.000 HA　　　　　0.000 HI　　　　　-80.000 inc

2）先进行 1 次回转平面 CYCLE800 循环指令的初始化设置，取消旋转工作台以前设置的所有回转信息，见表 5-8。

表 5-8　回转平面 CYCLE800 循环指令的初始化设置

设置方法	操作步骤	基本设置参数
在程序编辑界面中，进行回转平面 CYCLE800 循环指令的初始化设置，按软键〖其它〗，按软键〖回转平面〗，按软键〖基本设置〗，出现"回转平面"对话框界面，将其中所有数值参数项全部清零，其他选择项目内容如右图所示。最后，按软键〖接收〗	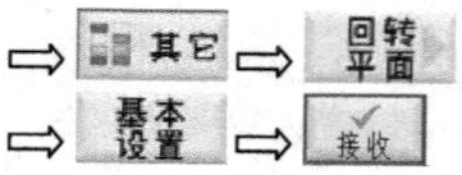 ⇒ 其它 ⇒ 回转平面 ⇒ 基本设置 ⇒ 接收	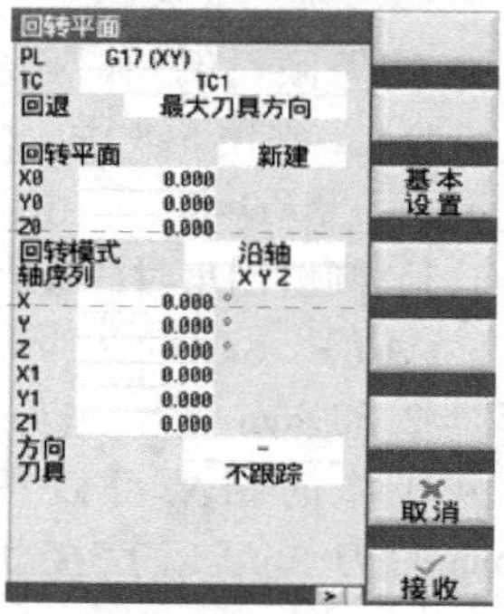 回转平面 PL　　　G17 (XY) TC　　　　　TC1 回退　　最大刀具方向 回转平面　　　新建 X0　　　　0.000 Y0　　　　0.000 Z0　　　　0.000 回转模式　　　沿轴 轴序列　　　X Y Z X　　　　0.000 Y　　　　0.000 Z　　　　0.000 X1　　　0.000 Y1　　　0.000 方向 刀具　　　　不跟踪

3）调用 φ12mm 立铣刀。按【INPUT】键，使光标换行，再按软键〖编辑〗，再按软键〖选择刀具〗，出现"刀具表"（参见图 3-2）。操作光标停留在"刀具名称"中"CUTTER 12"一行，按软键〖确认〗，完成 φ12mm 立铣刀的调用。

4）在编辑界面中继续输入如下程序段：

M6；

S4000M3；

D1；

G54G90G0X0Y0；

M8；

Z100；

5）使用凸台铣削循环 CYCLE76 指令进行矩形凸台的铣削，见表 5-9。

表 5-9　矩形凸台铣削参数的设置

设置方法	操作步骤	基本设置参数
按软键〖铣削〗，再按软键〖多边形凸台〗，然后按软键〖矩形凸台〗，出现"矩形凸台"参数设置对话框	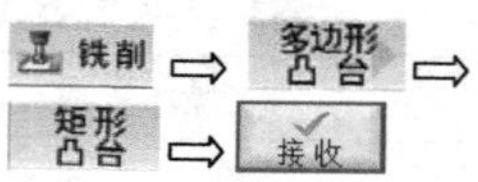 铣削 ⇒ 多边形凸台 ⇒ 矩形凸台 ⇒ 接收	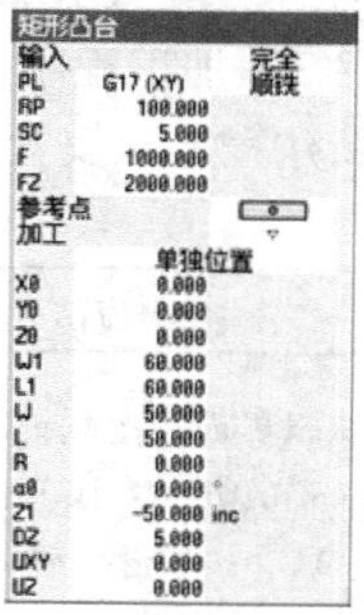 矩形凸台 输入　　　　　完全 PL　　　G17 (XY) RP　　　100.000 SC　　　　5.000 F　　　1000.000 FZ　　　2000.000 参考点 加工 　　　　　单独位置 X0　　　　0.000 Y0　　　　0.000 Z0　　　　0.000 W1　　　60.000 L1　　　60.000 W　　　50.000 L　　　50.000 R　　　　0.000 α0　　　　0.000 Z1　　　-50.000 inc DZ　　　　5.000 UXY　　　0.000 UZ　　　　0.000

6）在编辑界面中继续输入如下程序段：

M09；

M05；

M30；

7）使用 TRAORI 指令编写 15°倾斜倒角加工程序，将光标移动到"M09"上方，输入表5-10的内容。

表 5-10　15°倾斜倒角加工程序编写

程序	注释
TRAORI	TRAORI 指令激活
ORIVECT	大圆弧插补
CUT3DC	刀具 3D 半径补偿
G54G00X − 50Y − 50B0C0	刀具到达 3D 半径补偿点
Z10	刀具快速运行至补偿点上方
G01Z − 10F1000	工进至指定深度
G41X − 25Y − 35B15C0	刀具到达切入点并进行刀具 3D 半径补偿
Y25	加工①号位置 15°倾斜倒角（该位置参见表 5-6）
C − 90	工作台回转至 − 90°位置
X25	加工②号位置 15°倾斜倒角（该位置参见表 5-6）
C − 180	工作台回转至 − 180°位置
Y − 25	加工③号位置 15°倾斜倒角（该位置参见表 5-6）
C − 270	工作台回转至 − 270°位置
X − 35	加工④号位置 15°倾斜倒角（该位置参见表 5-6）
G40X − 50Y − 50B0C0	刀具取消 3D 半径补偿
G00Z100	刀具回到安全位置高度
TRAFOOF	TRAORI 指令取消
G90G54G00B0C0	B 轴和 C 轴回到机床初始位置

8）使用 TRAORI 指令编写 90°V 形凹槽，光标移动到"M09"上方，输入表 5-11 的相关内容。在输入前将刀具"CUTTER 12"新增加〖刀沿〗"D2"，并将长度值增加 15.213mm，目的是要将刀具跟随点位置移动到距离刀具端面中心位置 15.213mm 处。

表 5-11　90°V 形凹槽程序编写

程序	注释
G90G54G00X0Y0	刀具回到 G54 原点
D02	
CYCLE800（1," TC1"，100010，30，0，0， − 9.514，45，0，0，0，0，0，− 1，100，1）	Z 轴负向平移 9.514mm，刀轴定向 $B45°$
G01X0Y0D2F2000	调用刀沿 D2，人为增加刀具补偿值
Z10F2000	

（续）

程序	注释
Z0F100	刀具端面工进至 V 形槽位置
CYCLE800 （）	取消刀轴定向，B 轴和 C 轴保持摆角位置。注意：B 轴和 C 轴没有回到机床初始状态位置
TRAORI	TRAORI 功能激活
G91C360F200	C 轴相对旋转 360°加工出 V 形槽
TRAFOOF；	TRAORI 功能取消
TOFRAME	沿刀轴方向退刀指令
G0Z100	沿刀轴方向退到安全距离

9）将光标移动到"M09"上方，再进行 1 次回转平面 CYCLE800 循环指令的初始化设置，取消旋转工作台以前设置的所有回转信息，旋转工作台回到初始位置，参见表 5-8。

为了检验编程指令的实际加工情况，操作者可以在上述加工程序编写过程中按软键〖模拟〗，还可以调整其中的运行参数，在三维状态下模拟已经编写出程序的加工情况。

5.2.3 削边凸台零件的加工参考程序

削边凸台零件的加工参考程序见表 5-12。

表 5-12 "削边凸台"零件的加工参考程序

段号	程序	注释
N10	WORKPIECE （,""，,"RECTANGLE"，0，0，－80，－80，60，60)	定义毛坯
N11	CYCLE800 （1," TC1"，100000，57，0，0，0，0，0，0，0，0，0，－1，100，1)	CYCLE800 循环初始化，B 轴和 C 轴回到机床初始位置
N12	T = " CUTTER 12" M06	调用刀具
N13	D1	调用刀沿
N14	G90G54G00X0Y0	工艺参数
N15	S4000M03	
N16	M08	
N17	Z100	
N18	CYCLE76 （100，0，5，,，－50，50，50，0，0，0，0，5，0，0，1000，2000，0，1，60，60，1，2，1100，1，101)	矩形凸台铣削
N19	TRAORI	TRAORI 指令激活
N20	ORIVECT	大圆弧插补
N21	CUT3DC	刀具 3D 半径补偿
N22	G54G00X－50Y－50B0C0	刀具到达 3D 半径补偿点
N23	Z10	快速进刀
N24	G01Z－10F1000	切入

（续）

段号	程序	注释
N25	G41X－25Y－25B15C0	到达切入点并进行刀具 3D 半径补偿
N26	Y25	加工①号位置 15°倾斜倒角（该位置参见表 5-6）
N27	C－90	圆工作台顺时针回转
N28	X25	加工②号位置 15°倾斜倒角（该位置参见表 5-6）
N29	C－180	圆工作台顺时针回转
N30	Y－25	加工③号位置 15°倾斜倒角（该位置参见表 5-6）
N31	C－270	圆工作台顺时针回转
N32	X－35	加工④号位置 15°倾斜倒角（该位置参见表 5-6）
N33	G40X－50Y－50B0C0	取消 3D 半径补偿
N34	G00Z100	回到安全位置高度
N35	TRAFOOF	TRAORI 指令取消
N36	G90G54G00B0C0	B 轴和 C 轴回到机床初始位置
N37	G90G54G00X0Y0	回到 G54 原点
N38	D2	D2 刀沿调用。D2 刀沿中的长度补偿值在 D1 刀沿长度补偿值中增加 15.213mm
N39	CYCLE800（1,"TC1", 100000, 30, 0, 0, －9.514, 45, 0, 0, 0, 0, 0, －1, 100, 1）	Z 轴负向平移 9.514mm，刀轴定向 B45°
N40	G01X0Y0D2F2000	
N41	Z10F2000	
N42	Z0F20	刀具端面工进至 V 形槽位置
N43	CYCLE800（）	取消刀轴定向，B 轴和 C 轴保持摆角位置
N44	TRAORI	TRAORI 功能激活
N45	G91C360F200	C 轴相对旋转 360°
N46	TRAFOOF	TRAORI 功能取消
N47	TOFRAME	沿刀轴方向退刀指令
N48	G0Z100	沿刀轴方向退到安全距离
N49	CYCLE800（1,"TC1", 100000, 57, 0, 0, 0, 0, 0, 0, 0, 0, 0, －1, 100, 1）	CYCLE800 循环初始化，B 轴和 C 轴回到机床初始位置
N50	M05	主轴停转
N51	M09	关闭切削液
N52	M30	程序结束

注：程序段 N43 中 CYCLE800 循环指令运行后，B 轴和 C 轴没有回到机床初始状态位置。

5.3　45°倒角凸台零件综合编程练习

　　此练习是 TRAORI 指令进行 RTCP 加工的一个综合性加工编程训练。主要使用 TRAORI 指令中的刀轴矢量编程方式和圆锥插补功能，同时使用了前两章介绍的"3＋2"定向加工。在编程前先介绍什么是 TRAORI 指令中的刀轴矢量编程方式和圆锥插补功能。

（1）TRAORI 指令刀轴矢量编程 在上一节例子中使用 TRAORI 指令的刀具刀轴定向方式是直接旋转轴位置编程方式，这种方式的优点是使用时比较直观，直接在程序中填写刀具（或者工件）需要摆动的角度即可，具体摆动哪个轴的角度与机床的结构（即机床坐标系 MCS）有关，其缺点就是跟机床的结构有关，当换另外一种结构的五轴数控机床时，此程序就不可以使用。为了使带有 TRAORI 指令的程序在任何一种结构的五轴数控机床上都适用，可以使用 TRAORI 指令中的刀轴定向方式为矢量编程方式。下面介绍什么是矢量编程方式。

在数学中，矢量也常称为向量，即有方向的量，是指一个同时具有大小和方向的几何对象，因常以箭头符号标示以区别于其他量而得名。它的几何表示是可以用有向线段来表示。有向线段的长度表示矢量的大小，也就是矢量的长度。长度为 0 的向量叫作零矢量；记作长度等于 1 个单位的矢量，叫作单位矢量。箭头所指的方向表示矢量的方向，矢量的几何表示如图 5-10 所示。

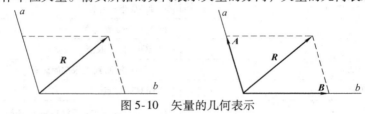

图 5-10 矢量的几何表示

矢量在平面直角坐标系中的坐标表示，分别取与 X 轴、Y 轴方向相同的两个单位矢量 i、j 作为一组基底。图 5-11 所示中 a 为平面直角坐标系内的任意矢量，以坐标原点 O 为起点作矢量 $\overrightarrow{OP} = a$。由平面矢量基本定理可知，有且只有一对实数 (X, Y)，使得 $a = \overrightarrow{OP} = Xi + Yj$，因此把实数对 (X, Y) 叫作矢量 a 的坐标，记作 $a = (X, Y)$。这就是矢量 a 的坐标表示。其中 (X, Y) 就是点 P 的坐标。矢量 $\overrightarrow{OP}$ 称为点 P 的位置矢量。

对于在平面内的矢量，数控编程人员早就遇见过。在圆弧插补指令中，以 XY 平面内顺时针方向圆弧插补为例（图 5-12），图中圆弧中心点 E 点，圆弧起点 A 点，结束点 B 点，圆弧起点指向圆心的矢量为 $a = \overrightarrow{AE}$。矢量 a 分别在 X 轴和 Y 轴上的投影为矢量 $\overrightarrow{DC}$ 和 $\overrightarrow{HG}$，注意，矢量 $\overrightarrow{DC}$ 和 $\overrightarrow{HG}$ 是有大小和方向的。因此，此段圆弧的书写格式为

$$G17G02X_{（B点X轴坐标值）}Y_{（B点Y轴坐标值）}I_{（|DC|）}J_{（-|HG|）}F..;$$

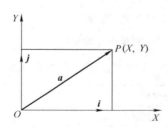

图 5-11 矢量的平面坐标表示

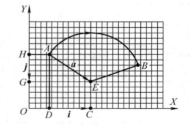

图 5-12 矢量在圆弧插补中的应用

矢量在空间直角坐标系中的坐标表示，分别取与 X 轴、Y 轴、Z 轴方向相同的 3 个单位矢量 i、j、k 作为一组基底。如图 5-13 中若 a 为该坐标系内的任意矢量，以坐标原点 O 为起点作矢量 $\overrightarrow{OP} = a$。由空间基本定理知，有且只有一组实数 (X, Y, Z)，使得 $a = \overrightarrow{OP} = Xi + Yj + Zk$，因此把实数对 (X, Y, Z) 叫作矢量 a 的坐标，记作 $a = (X, Y, Z)$。这就是矢量 a 的坐标表示。

其中 (X, Y, Z) 也就是点 P 的坐标，矢量 $\overrightarrow{OP}$ 称为点 P 的位置矢量。如图 5-14 所示，在这

里我们可以假设矢量 $\overrightarrow{OP}$ 为刀具的旋转中心，即为刀具的轴线。此时就可以使用 (i, j, k) 形式来描述刀轴在坐标系中的姿态。

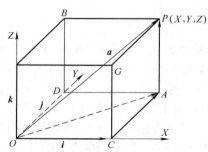

图 5-13　矢量的空间直角坐标系表示

图 5-14　刀轴的空间直角坐标姿态

在 SINUERIK 840D sl 中，矢量编程是通过 $A3$、$B3$、$C3$ 来描述 (i, j, k) 矢量的分量形式确定刀具的刀轴方向，矢量方向为从当前刀尖沿刀具轴线指向机床的主轴端面。具体的书写格式为

$$G01 \ X.. \ Y.. \ Z.. \ A3 =.. \ B3 =.. \ C3 =.. \ F..;$$

下面列举两个实例：

实例一：如图 5-15 所示，刀具指向坐标系原点 $(X0, Y0, Z0)$，刀轴方向与 XY 平面的夹角为 33.289°，刀具轴线在 XY 平面上的投影与 X 轴的夹角为 45°。因此 $A3 = B3 = 1$，$C3 = \sqrt{2} \times \tan 33.289° = 0.928576$，注意 $A3$、$B3$、$C3$ 方向和直角坐标系各轴方向是一致的，所以都是正值。为了保证加工精度，建议保留小数点后 6 位。

实例二：如图 5-16 所示，刀具指向坐标系原点 $(X0, Y0, Z0)$，刀轴方向与 XY 平面的夹角为 60.794°，刀具轴线在 XY 平面上的投影与 X 轴的夹角为 63.435°。假设 $A3 = -1$ 是单位矢量，则有 $B3 = -1 \times \tan 63.435° = -2$，$C3 = \sqrt{1^2 + 2^2} \times \tan 60.794° = 4$，注意 $A3$ 和 $B3$ 的方向与坐标系的 X 轴和 Y 轴的方向相反，所以 $A3$ 和 $B3$ 为负值。$C3$ 方向和直角坐标系 Z 轴正方向一致，所以为正值。

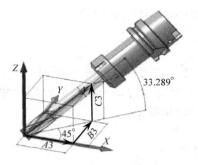

图 5-15　刀轴矢量实例一

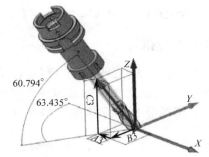

图 5-16　刀轴矢量实例二

当然也有些特殊情况，比如当刀具轴线与直角坐标系的 Z 轴平行，且与 Z 轴方向一致时，则有 $A3 = 0$、$B3 = 0$、$C3 = 1$。介绍到这里给大家两个思考题：当刀轴矢量分量分别为 $A3 = 0$、$B3 = 1$、$C3 = 1$ 和 $A3 = 1$、$B3 = 0$、$C3 = -1$ 时，描述刀轴在直角坐标系中的姿态。

（2）圆锥插补指令　圆锥插补指令在前面的章节当中没有提及，之所以在这里介绍的原因主要有两个，一个原因是这节实例的零件图素中有 3 个圆锥曲面，如图 5-19 所示。另一原因是在圆锥插补指令中使用到了刀轴矢量编程。这里以 G17 平面为例，书写格式为：

$$\mathrm{G17} \begin{Bmatrix} \mathrm{ORICONCW} \\ \mathrm{ORICONCCW} \end{Bmatrix}$$

$$\mathrm{G17} \begin{Bmatrix} \mathrm{G02} \\ \mathrm{G03} \end{Bmatrix} \mathrm{X..Y..CR=..A3=..B3=..C3=..NUT=..F...;}$$

其中：ORICONCW 为顺时针圆弧插补，ORICONCCW 为逆时针圆弧插补，G02 为圆锥底部圆弧顺时针插补，G03 为圆锥底部圆弧逆时针插补，X 和 Y 分别为圆锥底部圆弧终点坐标值，$A3$、$B3$ 和 $C3$ 分别为圆锥底部圆弧终点位置时刀轴矢量的分量，NUT 为圆锥曲面的包角角度值。

图 5-17 所示为要加工的圆锥曲面外轮廓，圆锥曲面底部圆弧半径为 50mm，起点为 E 点，终点为 M 点，圆心点为 O 点，圆锥角度为 75°，要加工的圆锥包角为 90°。刀具加工圆锥曲面后刀轴刚好处在 YZ 平面内，则刀轴矢量分量 $A3 = 0$，由于刀轴矢量分量 $B3$ 与坐标系 Y 轴方向相反，假设 $B3 = -1$，所以 $C3 = 1 \times \tan 75° = 3.732051$，如图 5-18 所示。

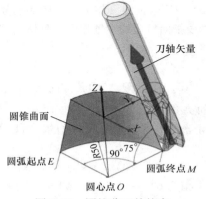

图 5-17　圆锥曲面外轮廓

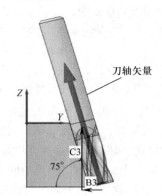

图 5-18　圆锥插补指令中 C3 计算

编写此圆锥插补格式为

ORICONCW

G17 G02 X0 Y50 CR = 50 A3 = 0 B3 = − 1 C3 = 3.732051 NUT = 90 F200；

5.3.1　加工任务描述

图 5-19 所示是综合练习零件 45°倒角凸台的三维零件图。根据图 5-20 所示中的相关信息，这类零件的特点是有圆锥曲面加工和在图中的右下角有削边角。零件的外形尺寸为 58mm × 58mm × 25mm，有四个 45°倾斜倒角和 R10mm 导圆角结构特征。

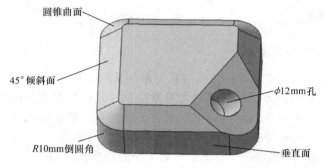

图 5-19　45°倒角凸台的三维零件

在编程与加工过程中使用 TRAORI 指令和圆弧插补指令加工 45°倒角，使用 CYCLE800 指令加工削边角平面。在加工45°倾斜倒角时刀具跟随点在刀具端面中心位置，如图 5-21 所示。本练习使用 1 把 ϕ12mm 的立铣刀和 ϕ12mm 的钻头，毛坯尺寸为 60mm × 60mm × 80mm，材质为铝合金。

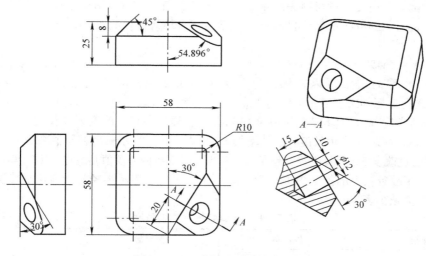

图 5-20　45°倒角凸台零件图样

图 5-21　加工时使用的刀具跟随点位置

45°倒角凸台零件的铣削加工过程见表 5-13。

表 5-13　铣削加工过程

毛坯的建立	铣削 58mm×58mm×25mm 轮廓	铣削削边角平面及钻孔	铣削 45°倒角
使用刀具	ϕ12mm 立铣刀 （T = CUTTER 12）	ϕ12mm 立铣刀和 ϕ12mm 钻头 （T = CUTTER 12 和 T = DRILL 12）	ϕ12mm 立铣刀 （T = CUTTER 12）

5.3.2　编程方式及过程

（1）编程前的计算

1）45°倒角处加工计算。首先计算在铣削加工 45°倒角时，由于使用 TRAORI 指令，同时使用了立铣刀的侧刃进行加工，因此刀具倾斜了一定的角度，所以要对刀具的刀轴矢量进行计算。

计算前，需要确定工件坐标系在毛坯上表面的中心。根据前面刀轴矢量的介绍，参见表5-14，在加工位置❶时刀轴刚好在 YZ 平面内，而根据图样倒角度数为 $45°$，则刀轴矢量分量 $A3 = 0$、$B3 = 1$、$C3 = 1$。剩余三个位置的刀轴矢量见表5-14。

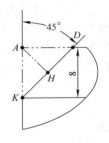

加工 $45°$ 倒角时还要注意材料去除量是否过大。在图 5-22 中，AK 是倒角标注尺寸 8mm，$\angle AKD = 45°$，可以看出 AH 为加工 $45°$ 倒角时最大去除材料厚度。

$$\therefore AH = AK \times \sin 45° = 8\text{mm} \times \sin 45° = 5.657\text{mm}$$

图 5-22　$45°$ 倾斜倒角加工量计算

这样，由计算的结果可以得知，为了保证加工质量，应使用直径 $\phi 12\text{mm}$ 刀具进行分层加工。刀具的背吃刀量 a_p 值的变化可以通过改变刀具长度补偿值来获得。在 SINUERIK 840D sl 中如果想在程序中直接改变刀具长度补偿值的指令为 TOFFL = ±.. （"+.."表示长度补偿值增加多少，"–.."表示长度补偿值减少多少），铣削宽的 a_g 值可以通过改变 3D 刀具半径补偿值获得，刀具 3D 半径补偿值指令是 CUT3DCC，在程序中直接改变刀具半径补偿值的指令为 TOFFR = ±.. （"+.."表示半径补偿值增加多少，"–.."表示半径补偿值减少多少）。

表 5-14　$45°$ 倒角编程加工角度

位置❶	位置❷	位置❸	位置❹
$A3 = 0$，$B3 = 1$，$C3 = 1$	$A3 = 1$，$B3 = 0$，$C3 = 1$	$A3 = 0$，$B3 = -1$，$C3 = 1$	$A3 = -1$，$B3 = 0$，$C3 = 1$

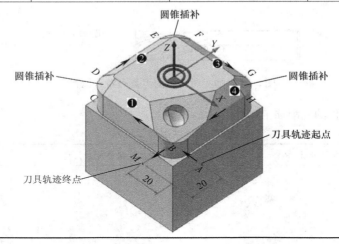

加工 $45°$ 倒角的刀具轨迹路线见表 5-14 中的图，轮廓加工的起点为 A 点，终止点为 M 点，轨迹过程是 $A \rightarrow B \rightarrow C \rightarrow D \rightarrow E \rightarrow F \rightarrow G \rightarrow H \rightarrow B \rightarrow M$，$AB$ 段为开始给 3D 刀具半径补偿，BM 段为结束 3D 刀具半径补偿。

2）削边角处加工计算。根据图 5-20 零件图样中的信息，加工此处使用 CYCL800 指令进行加工，由于工件坐标系在毛坯的中心，这时就要安排坐标系平移和旋转的过程及计算其尺寸和角度，见表 5-15。

（2）编写加工程序

1）新建程序，设置毛坯，见表 5-16。

表 5-15　削边角处加工时 CYCLE800 中坐标系平移及旋转过程

坐标位置描述	坐标系初始状态	坐标系沿 Y 轴平移 −29mm	坐标系在当前位置绕 Z 轴旋转 −30°	坐标系在当前位置绕 Y 轴旋转 30°
坐标简图	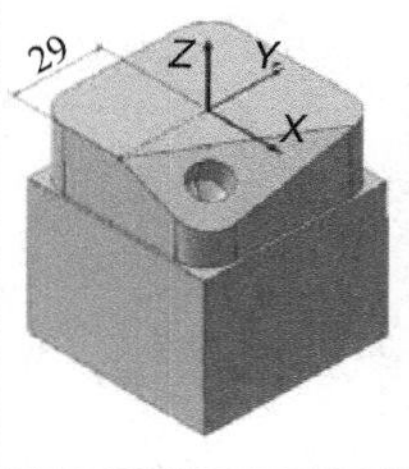	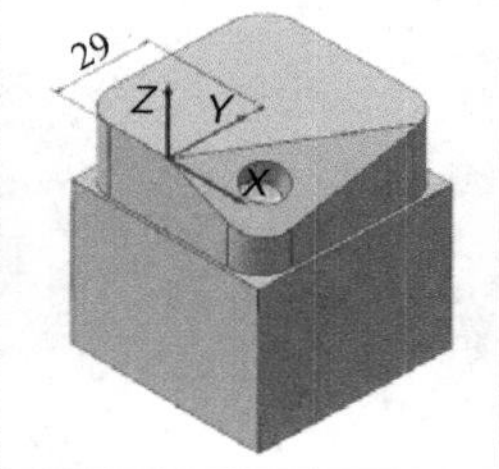	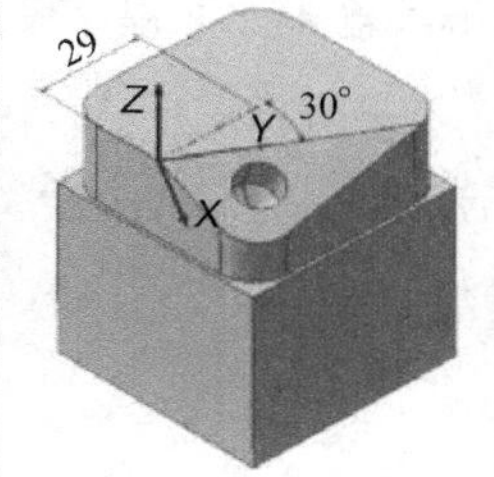	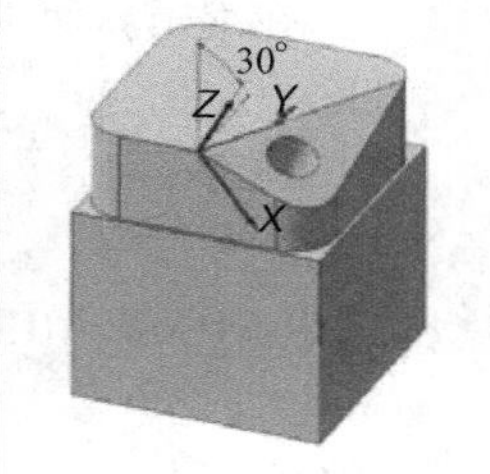
旋转前 WCS 的平移	$X0 = 0$、$Y0 = 0$、$Z0 = 0$	$X0 = 0$、$Y0 = −29$、$Z0 = 0$	$X0 = 0$、$Y0 = −29$、$Z0 = 0$	$X0 = 0$、$Y0 = −29$、$Z0 = 0$
WCS 绕新参考点旋转角度	$Z = 0°$、$Y = 0°$、$X = 0°$	$Z = 0°$、$Y = 0°$、$X = 0°$	$Z = −30°$、$Y = 0°$、$X = 0°$	$Z = −30°$、$Y = 30°$、$X = 0°$
旋转后在新平面中平移 WCS	$X1 = 0$、$Y1 = 0$、$Z1 = 0$	$X1 = 0$、$Y1 = 0$、$Z1 = 0$	$X1 = 0$、$Y1 = 0$、$Z1 = 0$	$X1 = 0$、$Y1 = 0$、$Z1 = 0$

表 5-16　新建程序与设置毛坯操作

设置方法	操作步骤	基本设置参数
在程序编辑界面，按软键〖新建〗，按软键〖programGUIDE G 代码〗，输入名称"TRAORI_2"，按软键〖确认〗	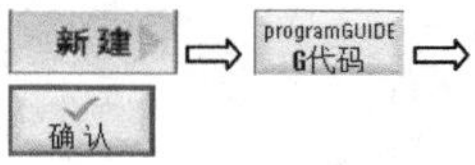	
按软键〖其它〗，按软键〖毛坯〗，在"毛坯输入"对话框中设置 60mm ×60mm×80mm 的毛坯	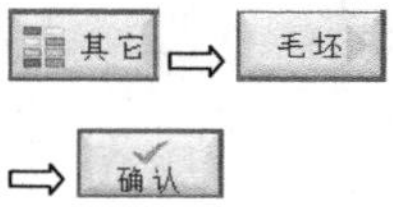	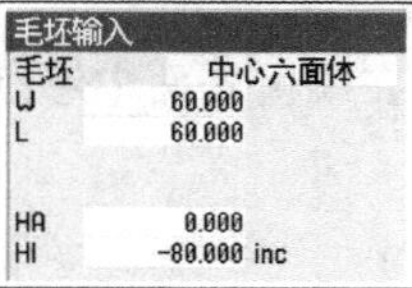

2）先进行 1 次回转平面 CYCLE800 循环指令的初始化设置，取消旋转工作台以前设置的所有回转信息，见表 5-17。

表 5-17　回转平面 CYCLE800 循环指令的初始化设置

设置方法	操作步骤	设置参数
在程序编辑界面中，进行回转平面 CYCLE800 循环指令的初始化设置，按软键〖其它〗，按软键〖回转平面〗，按软键〖基本设置〗，出现"回转平面"对话框界面，将其中所有数值参数项全部清零，其他选择项目内容如右图所示。最后，按软键〖接收〗	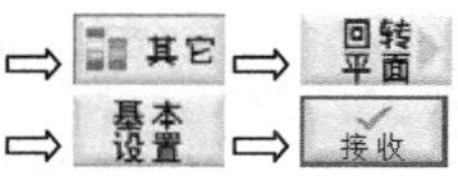	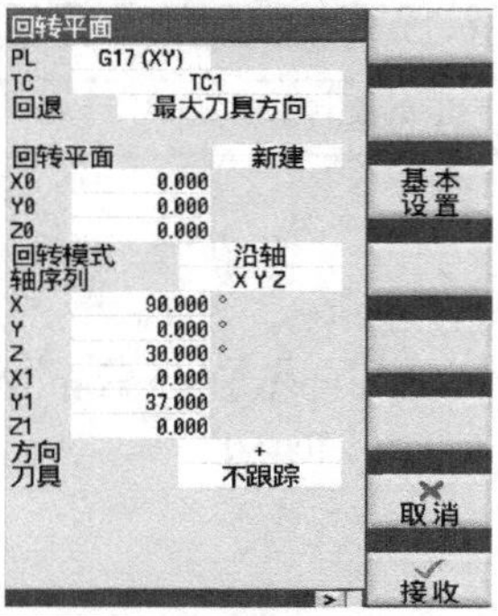

3）调用 ϕ12mm 立铣刀。按【INPUT】键，使光标换行，再按软键〖编辑〗，然后按软键〖选择刀具〗，出现"刀具表"（见表3-1）。操作光标停留在"刀具名称"中的"CUTTER 12"一行，按软键〖确认〗，完成 ϕ12mm 立铣刀的调用。

4）在编辑界面中继续输入如下程序段：

M6；

S4000 M3；

D1；

G90 G54 G0 X0 Y0；

M8；

Z100；

5）使用凸台铣削循环 CYCLE76 指令进行矩形凸台的铣削，见表5-18。

表5-18　矩形凸台铣削参数的设置

设置方法	操作步骤	基本设置参数
按软键〖铣削〗，再按软键〖多边形凸台〗，然后按软键〖矩形凸台〗，出现"矩形凸台"参数设置对话框	铣削 ⇒ 多边形凸台 ⇒ 矩形凸台 ⇒ 接收	矩形凸台 输入　　　　　　完全 PL　　G17 (XY)　顺铣 RP　　　100.000 SC　　　　5.000 F　　　1000.000 FZ　　　2000.000 参考点　　　　0 加工 　　　　　　单独位置 X0　　　　0.000 Y0　　　　0.000 Z0　　　　0.000 W1　　　60.000 L1　　　60.000 W　　　50.000 L　　　50.000 R　　　10.000 α0　　　　0.000 Z1　　 -25.000 inc D2　　　　5.000 UXY　　　0.000 UZ　　　　0.000

6）在编辑界面中继续输入如下程序段：

M09；

M05；

M30；

7）使用 CYCL800 指令编写削边角处加工，将光标移动到"M09"上方，输入表5-19的相关内容。加工此平面分为粗加工和精加工，粗加工时每层下切2mm。粗加工给精加工留有0.2mm的余量。

表5-19　削边角处加工程序编写

程序	注释
G90 G54 G00 X0 Y0	刀具回到 G54 原点
CYCLE800（1,"TC1", 100010, 27, 0, -29, 0, -30, 30, 0, 0, 0, 0, -1, 100, 1）	回转平面 PL　　　G17 (XY) TC　　　　TC1 回退　　　t, Z 回转平面　　　新建 X0　　　　0.000 Y0　　 -29.000 Z0　　　　0.000 回转模式　　　沿轴 轴序列　　　Z Y X Z　　　 -30.000 Y　　　 30.000 X　　　　0.000 X1　　　　0.000 Y1　　　　0.000 Z1　　　　0.000 选择 刀具

（续）

程序	注释
CYCLE61（50，10，2，0，0，0，25，58，2，60，0.2，600，41，0，1，10）	平面铣削 PL　　　G17 (XY) RP　　　50.000 SC　　　2.000 F　　　　600.000 加工方向 X0　　　0.000 Y0　　　0.000 Z0　　　10.000 X1　　　25.000 inc Y1　　　58.000 inc Z1　　　0.000 abs DXY　　60.000 % DZ　　　2.000 UZ　　　0.200
CYCLE61（50，10，2，0，0，0，25，58，2，60，0，600，42，0，1，10）	平面铣削 PL　　　G17 (XY) RP　　　50.000 SC　　　2.000 F　　　　600.000 加工方向 X0　　　0.000 Y0　　　0.000 Z0　　　10.000 X1　　　25.000 inc Y1　　　58.000 inc Z1　　　0.000 abs DXY　　60.000 % UZ　　　0.000
CYCLE800（1，" TC1"，100000，57，0，0，0，0，0，0，0，0，0，-1，100，1）	CYCLE800 循环初始化，B 轴和 C 轴回到机床初始位置
M09	关闭切削液
M05	主轴停转
M30	程序结束

8）使用 TRAORI 指令编写 45°倒角，将光标移动到 "M09" 上方，输入表 5-20 的内容。

表 5-20　45°倒角加工程序编写

程序	注释
G90G54G00X0Y0	工艺参数
Z100	到达安全距离
G54G00X54Y－54Z10	刀具快速运行至补偿点上方
TRAORI	TRAORI 指令激活
ORIVECT	大圆弧插补
CUT3DC	刀具 3D 半径补偿
TOFFL＝7	刀具长度补偿值增加 7mm
TOFFR＝0.2	刀具半径补偿值增加 0.2mm
START：	程序跳转起始标识
G01Z－8F1000	工进至指定深度
X49Y－29	刀具到达切入点并进行刀具 3D 半径补偿
G41X29A3＝0B3＝1C3＝1	刀轴矢量：$A3=0$ $B3=1$ $C3=1$
G01X－19	加工①号位置 45°倒角（该位置参见表 5-14）

（续）

程序	注释
ORICONCW	顺时针圆锥插补指令
G02 X – 29 Y – 19 CR = 10 A3 = 1 B3 = 0 C3 = 1 NUT = 90	加工 CD 段圆锥曲面，刀轴矢量：$A3 = 1$ $B3 = 0$ $C3 = 1$
ORIVECT	大圆弧插补
G01 Y19	加工②号位置45°倒角（该位置参见表5-14）
ORICONCW	顺时针圆锥插补指令
G02 X – 19 Y29 CR = 10 A3 = 0 B3 = – 1 C3 = 1 NUT = 90	加工 EF 段圆锥曲面，刀轴矢量：$A3 = 0$ $B3 = – 1$ $C3 = 1$
ORIVECT	大圆弧插补
G01 X19	加工③号位置45°倒角（该位置参见表5-14）
ORICONCW	顺时针圆锥插补指令
G02 X29 Y19 CR = 10 A3 = – 1 B3 = 0 C3 = 1 NUT = 90	加工 GH 段圆锥曲面，刀轴矢量：$A3 = – 1$ $B3 = 0$ $C3 = 1$
ORIVECT	大圆弧插补
G01 Y – 29	加工④号位置45°倒角（该位置参见表5-14）
G40 Y – 49 A3 = 0 B3 = 0 C3 = 1	刀具取消 3D 半径补偿，刀轴矢量：$A3 = 0$ $B3 = 0$ $C3 = 1$
X54 Y – 54	
END：	程序跳转结束标识
TOFFL = 5	刀具长度补偿值增加 5mm
REPEAT START END	
TOFFL = 3	刀具长度补偿值增加 3mm
REPEAT START END	
TOFFL = 0	刀具长度补偿值增加 0mm
REPEAT START END	
TOFFR = 0；	刀具半径补偿值增加 0mm
REPEAT START END	
G00 Z100	刀具回到安全位置高度
TRAFOOF	TRAORI 功能取消
M09	关闭切削液
M05	主轴停转
M30	程序结束

9）调用 ϕ12mm 钻头，将光标移动到"M09"上方。

按【INPUT】键，使光标换行，再按软键〖编辑〗，然后按软键〖选择刀具〗，出现"刀具表"（参见表3-1）。操作光标停留在"刀具名称"中的"DRILL 12"一行，按软键〖确认〗，完成 ϕ12mm 钻头的调用。

10）在编辑界面中继续输入如下程序段：

M6；

S1200 M3；

D1；

G90G54G0X0Y0；

M8；

Z100；

11）编写钻孔程序，见表 5-21。

表 5-21　钻孔程序编写

程序	注释
CYCLE800 (1,"TC1", 100010, 27, 0, -29, 0, -30, 30, 0, 0, 0, 0, -1, 100, 1)	回转平面 PL　　　　G17 (XY) TC　　　　　TC1 回退　　　　↳，Z 回转平面　　　　新建 X0　　　　0.000 Y0　　　　-29.000 Z0　　　　0.000 回转模式　　　　沿轴 轴序列　　　　Z Y X Z　　　-30.000 ° Y　　　30.000 ° X　　　0.000 ° X1　　　0.000 Y1　　　0.000 Z1　　　0.000 选择 刀具
X10Y20	孔坐标程序
CYCLE83 (50, 0, 3,, 18.5,, 2, 90, 0.6, 0.6, 90, 0, 0, 1.2, 1.4, 0.6, 1.6, 0, 1, 11211111)	深孔钻削1 输入　　　　完全 PL　　　　G17 (XY) RP　　　　50.000 SC　　　　3.000 　　　　单独位置 　　　　断屑 Z0　　　　0.000 　　　　刀尖 Z1　　　18.500 inc FD1　　90.000 % D　　　2.000 inc DF　　90.000 % V1　　　1.200 V2　　　1.400 DTB　　0.600 s DT　　　0.600 s
CYCLE800 (1,"TC1", 100000, 57, 0, 0, 0, 0, 0, 0, 0, 0, 0, -1, 100, 1)	CYCLE800 循环初始化，*B* 轴和 *C* 轴回到机床初始位置
M09	关闭切削液
M05	主轴停转
M30	程序结束

5.3.3　45°倒角凸台零件的加工参考程序

45°倒角凸台零件的加工参考程序见表 5-22。

表 5-22　45°倒角凸台零件的加工参考程序

段号	程序	注释
N10	WORKPIECE (,"",," RECTANGLE ", 0, 0, -80, -80, 60, 60)	定义毛坯
N11	CYCLE800 (1,"TC1", 100000, 57, 0, 0, 0, 0, 0, 0, 0, 0, 0, -1, 100, 1)	CYCLE800 循环初始化，*B* 轴和 *C* 轴回到机床初始位置
N12	T = "CUTTER 12" M06	调用刀具
N13	D1	调用刀沿

（续）

段号	程序	注释
N14	G90G54G00X0Y0	工艺参数
N15	S4000M03	
N16	M08	切削液打开
N17	Z100	到达安全距离
N18	CYCLE76（100, 0, 5,, -25, 58, 58, 10, 0, 0, 0, 5, 0, 0, 1000, 2000, 0, 1, 60, 60, 1, 2, 1100, 1, 101）	矩形凸台铣削
N19	G90G54G00X0Y0	工艺参数
N20	CYCLE800（1,"TC1",100010, 27, 0, -29, 0, -30, 30, 0, 0, 0, 0, 1, 100, 1）	削边处加工
N21	CYCLE61（50, 10, 2, 0, 0, 0, 25, 58, 2, 60, 0.2, 600, 41, 0, 1, 10）	平面铣削
N22	CYCLE61（50, 10, 2, 0, 0, 0, 25, 58, 2, 60, 0, 600, 42, 0, 1, 10）	平面铣削
N23	CYCLE800（1,"TC1", 100000, 57, 0, 0, 0, 0, 0, 0, 0, 0, 0, -1, 100, 1）	CYCLE800 摆动循环初始化 B 轴和 C 轴回到机床初始位置
N24	G90G54G00X0Y0	工艺参数
N25	Z100	到达安全距离
N26	G54G00X54Y-54Z10	刀具快速运行至补偿点上方
N27	TRAORI	TRAORI 指令激活
N28	ORIVECT	大圆弧插补
N29	CUT3DC	刀具 3D 半径补偿
N30	TOFFL=7	刀具长度补偿值增加 7mm
N31	TOFFR=0.2	刀具半径补偿值增加 0.2mm
N32	START:	程序跳转起始标识
N33	G01Z-8F1000	工进至指定深度
N34	X49Y-29	刀具到达切入点并进行刀具 3D 半径补偿
N35	G41X29A3=0B3=1C3=1	刀轴矢量：$A3=0$ $B3=1$ $C3=1$
N36	G01X-19	加工①号位置 45° 倒角（该位置参见表 5-14）
N37	ORICONCW	顺时针圆锥插补指令
N38	G02 X-29 Y-19 CR=10 A3=1 B3=0 C3=1 NUT=90	加工 CD 段圆锥曲面，刀轴矢量：$A3=1$ $B3=0$ $C3=1$
N39	ORIVECT	大圆弧插补
N40	G01Y19	加工②号位置 45° 倒角（该位置参见表 5-14）
N41	ORICONCW	顺时针圆锥插补指令
N42	G02 X-19 Y29 CR=10 A3=0 B3=-1 C3=1 NUT=90	加工 EF 段圆锥曲面，刀轴矢量：$A3=0$ $B3=-1$ $C3=1$

（续）

段号	程序	注释
N43	ORIVECT	大圆弧插补
N44	G01X19	加工③号位置45°倒角（该位置参见表5-14）
N45	ORICONCW	顺时针圆锥插补指令
N46	G02 X29 Y19 CR = 10 A3 = -1 B3 = 0 C3 = 1 NUT = 90	加工 GH 段圆锥曲面，刀轴矢量：$A3 = -1$ $B3 = 0$ $C3 = 1$
N47	ORIVECT	大圆弧插补
N49	G01Y -29	加工④号位置45°倒角（该位置参见表5-14）
N50	G40Y -49A3 = 0 B3 = 0 C3 = 1	刀具取消 3D 半径补偿，刀轴矢量：$A3 = 0$ $B3 = 0$ $C3 = 1$
N51	X54Y -54	
N52	END：	程序跳转结束标识
N53	TOFFL = 5	刀具长度补偿值增加 5mm
N54	REPEAT START END	
N55	TOFFL = 3	刀具长度补偿值增加 3mm
N56	REPEAT START END	
N57	TOFFL = 0	刀具长度补偿值增加 0mm
N58	REPEAT START END	
N59	TOFFR = 0	刀具半径补偿值增加 0mm
N60	REPEAT START END	
N61	G00Z100	刀具回到安全位置高度
N62	TRAFOOF	TRAORI 功能取消
N63	T = " DRILL 12" M06	调用刀具
N64	S1200M3	
N65	D1	调用刀沿
N66	G90G54G00X0Y0	
N67	M08	
N68	Z100	达到安全距离
N69	CYCLE800 （1," TC1"，100000，27，0， -29，0， -30，30，0，0，0，0， -1，100，1）	
N70	X10Y20	孔位置坐标
N71	CYCLE83 （50，0，3,，18.5,，2，90，0.6，0.6，90，0，0，1.2，1.4，0.6，1.6，0，1，11211111）	钻孔指令
N72	CYCLE800 （1," TC1"，100000，57，0，0，0，0，0，0，0，0，0， -1，100，1）	CYCLE800 循环初始化，B 轴和 C 轴回到机床初始位置
N73	M05	主轴停转
N74	M09	关闭切削液
N75	M30	程序结束

111

第 6 章

五轴数控机床测头检测编程练习

西门子数控系统，尤其是西门子840D sl 的在线测量功能全面。硬件方面配备方便快捷的外部测量设备加装解决方案，测量循环软件可实现各种形状乃至3D 特征的轮廓检测，参数设置简便，可随参数的选择而实现各种不同的测量动作和进给量，具备五轴数控机床适用的回转轴心、轴线等运动系统的测量校准功能。

数控机床在线检测的发展为数控加工过程的质量检测提供了一套行之有效的方法。机床测头作为可编程运行、能获取信息、可反馈的监控设备，在制造环节中拥有至关重要的地位，尤其在五轴数控机床中的应用走在了在线检测应用领域的前列。

机床在线测头包括工件测头和对刀仪，在数控系统的控制下可实现工件坐标系快速设定、工件简单尺寸乃至复杂曲面轮廓检测、刀具检测等功能应用（图6-1）。在线测头对工件、夹具、刀具进行加工过程的监测，发现工件超差，夹具未装到位，刀具磨损、破损等情况后，都能及时报警，并给予补偿或调换，提高机床自动化程度，保证数控机床长期工作时的产品质量。

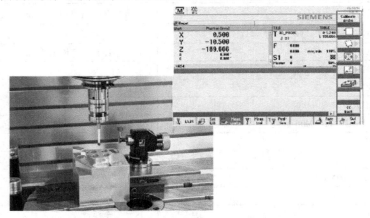

图 6-1　五轴高档数控机床在线测头应用

注：雷尼绍标准机床测头本身的重复性精度为1μm，高精度3D 测头的重复性精度可达0.25μm。机床本身的定位精度、重复定位精度也会影响测头的测量精度，一台精度合格的机床配备测头，结合数控系统，对测头进行正确的调整、校准，集合西门子840D sl 数控系统本身的测头固定循环，测量精度完全可以满足常规高精度零件的检测要求。

6.1　五轴测量练习——检测多角度空间斜面零件

（1）检测任务描述　根据图6-2 所示多角度空间斜面零件检测案例图样，分析主要测量要素。

任务说明：

1）根据测头使用情况，标定测头。

2）根据测头使用情况，利用 CYCLE996 校准五轴数控机床的回转轴线。

3）利用测头自动设定零件工件坐标系，毛坯尺寸：50mm×50mm×20mm。

4）测量 30°空间斜面的实际角度。

5）测量斜孔直径与孔位。

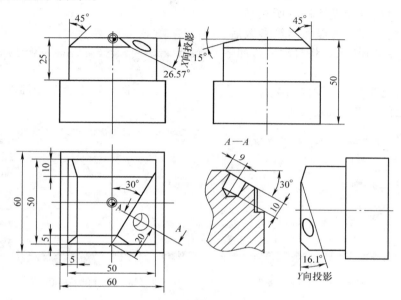

图 6-2　多角度斜面零件

（2）测头标定　测头初次使用，发生测针非正常位移或发现测量误差过大时需要对测头进行标定，根据机床使用频率也需要定期标定。

1）机床测头长度方向标定过程

① 设定环规、标定球或量块等标准件的上表面为工件坐标系 Z 向原点。

将一把已知准确刀长、半径的基准刀安装至主轴，并在基准刀对应刀沿中输入它的刀长。用基准刀对标准件表面，使用塞尺或量块来辅助进行，将标准件表面设为工件坐标系 Z 向原点，如图 6-3 所示。

② 激活设定过的工件坐标系，调出测头，检测标准件表面，如图 6-4 所示。利用西门子长度标定循环指令（图 6-5），程序将根据环规表面的准确位置和测头触发时的位置，计算出测头工作时的有效刀长值或相对于原先测头近似刀长值的磨损值（直接更改刀长还是写入磨损值，不同的程序有不同的方式），更新测头刀偏值。

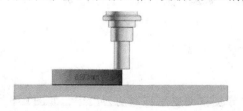

图 6-3　利用基准刀设定标准件上表面

图 6-4　在标准件上表面进行长度标定

2）机床测头半径方向标定过程

① 找到标准件中心位置。

② 执行标定动作。

③ 运算并存储标定数据。

如图 6-6 所示，将测头在 JOG 方式下移动至环规粗略中心位置并探入孔内一定深度，进入编程对话界面设置检测所在平面、环规直径、安全间隙、越程距离等参数后，执行程序，测头与 NC 系统将自动运行如下动作与运算：

1）主轴定位至 180°，测内圆 4 点。

2）主轴定位至 0°，测内圆 4 点。

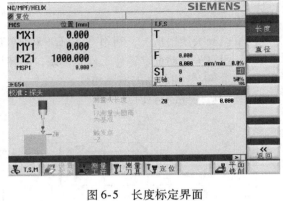

图 6-5　长度标定界面

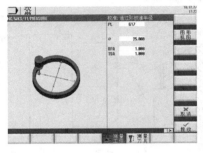

a) 半径标定——环规标定测头

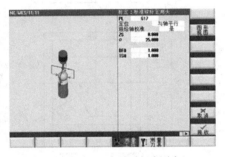

b) 半径标定——标准球标定测头

图 6-6　编程方式下半径标定循环

3）根据以上两次测量结果运算出环规内孔准确的中心位置，并计算和更新测球标定数据，如测球标定半径值，以及测针偏摆值。

JOG 方式下半径标定界面如图 6-7 所示。

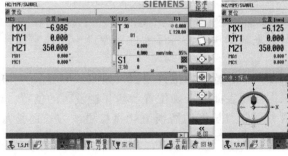

a) 测量工件，校准探头软键位置

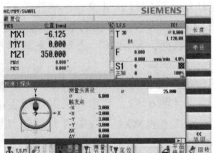

b) 半径校准软键位置

图 6-7　JOG 方式下半径标定界面

4）标定结果输出

标定后的结果如测头刀长数据、测头半径数据将分别自动更新到当前刀沿中，如图 6-8 所示，并在相应的 MD 通用机床参数中查看 X、Y 各方向的偏心、半径值。宏程序测量软件则存储至指定的全局用户变量中。

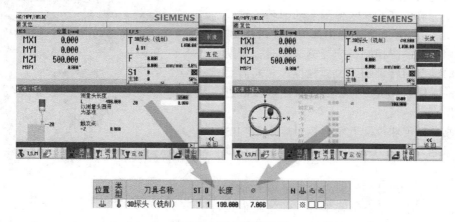

图 6-8　标定数据更新

测量结果参数：上述"半径环规校准"测量循环完成后，测量结果将存入测量结果参数，见表 6-1。测量结果参数可通过"通道用户变量"界面查看。

表 6-1　"半径环规校准"测量结果参数一览

参数	说明
_OVR [4]	探头的直径实际值
_OVR [5]	探头的直径差值
_OVR [6]	标准环圆心在第 1 轴的坐标
_OVR [7]	标准环圆心在第 2 轴的坐标
_OVR [8]	触发点在第 1 轴负方向的实际坐标
_OVR [9]	触发点在第 1 轴负方向的坐标差值
_OVR [10]	触发点在第 1 轴正方向的实际坐标
_OVR [11]	触发点在第 1 轴正方向的坐标差值
_OVR [12]	触发点在第 2 轴负方向的实际坐标
_OVR [13]	触发点在第 2 轴负方向的坐标差值
_OVR [14]	触发点在第 2 轴正方向的实际坐标
_OVR [15]	触发点在第 2 轴正方向的坐标差值
_OVR [20]	第 1 轴位置偏差（探头倾斜位置）
_OVR [21]	第 2 轴位置偏差（探头倾斜位置）
_OVR [24]	确定触发点的角度
_OVR [27]	零补偿范围
_OVR [28]	置信区域
_OVI [2]	测量循环编号
_OVI [5]	探头编号
_OVI [9]	报警号

（3）运动系统测量——回转轴轴线校准（CYCLE996）　为保证回转轴轴线的位置精度，可在

适当的时候定期利用机床测头测量标定球结合3D
－运动测量循环 CYCLE996 检测运动回转轴轴线
位置，如图6-9所示。该功能由西门子公司开发，
专用于利用数控系统控制机床与测头结合，定期
检测机床的运动回转轴轴线位置精度，尤其需要
加工产品的操作者掌握，并结合测头定期校准进
行系统补偿。

测头测量标定球校准五轴数控机床回转轴的
思路与测量循环设置方法（以回转轴为 *B*、*C* 轴
为例）如下。

1）在 *B* 轴为 0°时，分别测量标定球 *C* 轴为
0°、120°、240°时的球心位置坐标，并将它们设

图6-9　测头测量标定球校准五轴数控机床回转轴

定为 CYCLE996 的 *C* 轴第 1 次测量（图6-10）、第 2 次测量（图6-11）、第 3 次测量（图6-12）。

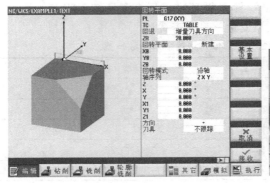

a) CYCLE800界面设置

b) *C* 轴0°测量实景

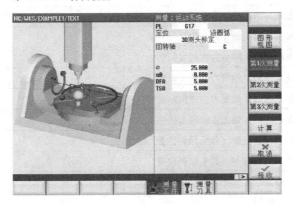

c) CYCLE996界面设置

图6-10　*B* 轴、*C* 轴为0°时——（*B* 轴、*C* 轴）测量点1

2）在 *C* 轴为 0°时，分别测量标定球 *B* 轴为 0°、45°、90°时的球心位置坐标，并将它们设定
为 CYCLE996 的 *B* 轴第 1 次测量、第 2 次测量（图6-13）、第 3 次测量（图6-14）。

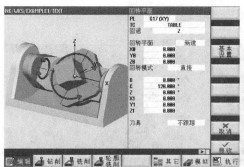

a) CYCLE800界面设置　　　　　　b) C轴120°测量实景

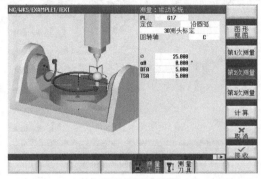

c) CYCLE996界面设置

图 6-11　B 轴 0° C 轴 120°时——（C 轴）测量点 2

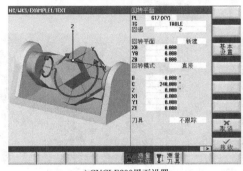

a) CYCLE800界面设置　　　　　　b) C 轴240°测量实景

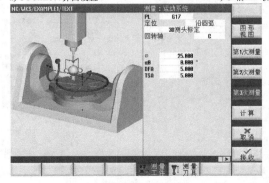

c) CYCLE996界面设置

图 6-12　B 轴 0° C 轴 240°时——（C 轴）测量点 3

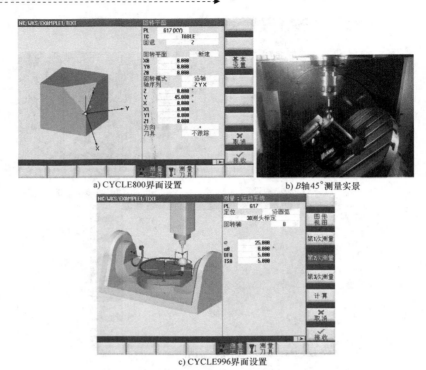

a) CYCLE800界面设置　　　　　　　　b) B轴45°测量实景

c) CYCLE996界面设置

图 6-13　B 轴为 45°时——（B 轴）测量点 2

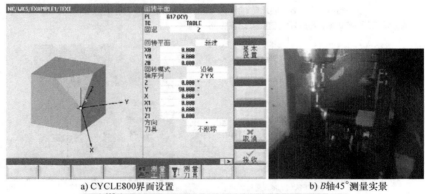

a) CYCLE800界面设置　　　　　　　　b) B轴45°测量实景

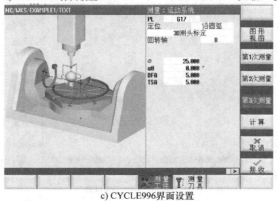

c) CYCLE996界面设置

图 6-14　B 轴为 90°时——（B 轴）测量点 3

3）程序运算得出结果，补偿至回转轴各数据。利用 B 轴在 0°时，分别测 C 轴 3 点均布，即位于 C 轴 0°、120°、240°的球心坐标组成三角形，计算 C 轴回转中心的实际坐标值；利用 C 轴在 0°时，3 个分别位于 B 轴不同角度的球心坐标计算出 B 轴中心坐标值，如图 6-15b 所示。

CYCLE996 计算界面（图 6-15a）所示主要参数含义：

① PL：测量所在平面。

② 补偿目标："回转数据组"或"仅测量"，选择"仅测量"将不会将测量结果数据自动补偿至回转轴数据组设置表当中。

③ 显示数据组："是"或"否"，测量后，是否显示回转数据组界面。

④ 数据组可修改："是"或"否"，显示的回转数据组是否可修改。

⑤ 保存数据组："是"或"否"，测量后，回转数据组是否保存。

⑥ 回转轴 1、2：回转轴 1、2 的名称。

⑦ 标准化："X""Y""Z"或"否"，标准化的回转轴的中心位置将确定在某一位置。

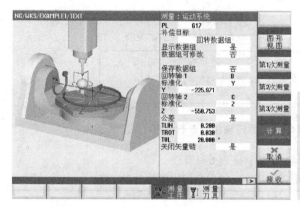

a) CYCLE996 计算界面设置　　　　　　　b) 根据 3 点计算圆心示意

图 6-15　CYCLE996 各回转轴计算

4）校准结果输出。回转轴校准测量结果显示如图 6-16 所示。

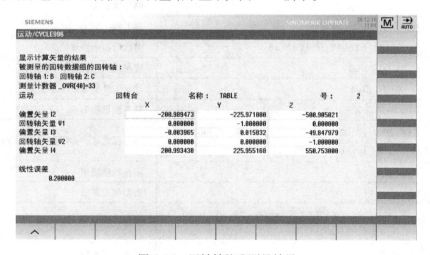

图 6-16　回转轴校准测量结果

回转轴矢量 *V*1：回转轴 *B* 轴围绕 *Y* 轴旋转。

回转轴矢量 *V*2：回转轴 *C* 轴围绕 *Z* 轴旋转。

偏置矢量 *I*2：从机床参考点到回转轴 1 与 2 交点的距离。

偏置矢量 *I*3：从回转轴 1 与 2 的交点到回转轴 2 的中心的距离。

偏置矢量 *I*4：结束矢量链，$I4 = -(I2 + I3)$，如图 6-17 所示。

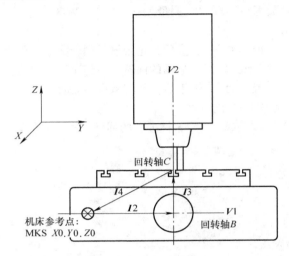

图 6-17　回转轴校准参数示意

利用 CYCLE996 校准各回转轴的参考程序见表 6-2。

表 6-2　利用 CYCLE996 校准各回转轴的参考程序

段号	程序	注释
N10	CYCLE800 （ ）	回转平面清零
N20	CYCLE832 （0, _OFF, 1）	取消高速加工循环
N30	G54 G17 G90 G64	调用零偏、模态指令
N40	T = "3D_PROBE"	调用测头
N50	M6	调刀到主轴
N60	$SCS_MEA_RESULT_DISPLAY = 3	完成后显示测量结果
N70	SUPA G0 B0 C0	移至机床坐标 *B*0、*C*0 位置
N80	G0 X0 Y0 Z100	移至工件坐标系原点上方
N90	G1 Z10 F1000	移至测量起始点（安全间隙）
N100	CYCLE997 （1102109, 1, 1, 25, 5, 5, 0, 90, 0, 0, 0, 5, 5, 5, 10, 10, 10, 0, 1,, 1,）	测量标定球，并设定球心为零偏
N110	STOPRE	防止程序预读
N120	G54	重新调用零偏
N130	CYCLE800 （5," TABLE ", 200000, 39, 0, 0, 0, 0, 0, 0, 0, 0, 0, 1, 20, 1）	旋转至 *C* 轴 0°，*B* 轴 0°
N140	G0 X0 Y0	移至工件坐标系原点

（续）

段号	程序	注释
N150	G0 Z17.5	移至测量起始点
N160	CYCLE996（20201, 2, 1, 25, 0, 0, 0, 0, 0, 0, 0, 20, 5, 5, 1,, 1,）	C 轴轴心校准第一次测量
N170	CYCLE800（1,"TABLE", 200000, 192, 0, 0, 0, 0, 120, 0, 0, 0, 0, 1, 20, 1）	旋转至 C 轴 120°，B 轴 0°
N180	G0 X0 Y0	
N190	G0 Z17.5	
N200	CYCLE996（20202, 2, 1, 25, 0, 0, 0, 0, 0, 0, 0, 20, 5, 5, 1,, 1,）	C 轴轴心校准第二次测量
N210	CYCLE800（1,"TABLE", 200000, 192, 0, 0, 0, 0, 240, 0, 0, 0, 0, 1, 20, 1）	旋转至 C 轴 240°，B 轴 0°
N220	G0 X0 Y0	
N230	G0 Z17.5	
N240	CYCLE996（20203, 2, 1, 25, 0, 0, 0, 0, 0, 0, 0, 20, 5, 5, 1,, 1,）	C 轴轴心校准第三次测量
N250	CYCLE800（1,"TABLE", 200000, 192, 0, 0, 0, 0, 0, 0, 0, 0, 0, 1, 20, 1）	旋转至 B 轴 0°，C 轴 0°
N260	G0 X0 Y0	
N270	G0 Z17.5	
N280	CYCLE996（10201, 2, 1, 25, 0, 0, 0, 0, 0, 0, 0, 20, 5, 5, 1,, 1,）	B 轴轴心校准第一次测量
N290	CYCLE800（1,"TABLE", 200000, 27, 0, 0, 0, 0, 45, 0, 0, 0, 0, 1, 20, 1）	旋转至 B 轴 45°，C 轴 0°
N300	G0 X0 Y0	
N310	G0 Z17.5	
N320	CYCLE996（10202, 2, 1, 25, 0, 0, 0, 0, 0, 0, 0, 20, 5, 5, 1,, 1,）	B 轴轴心校准第二次测量
N330	CYCLE800（1,"TABLE", 200000, 27, 0, 0, 0, 0, 90, 0, 0, 0, 0, 1, 20, 1）	旋转至 B 轴 90°，C 轴 0°
N340	G0 X0 Y0	
N350	G0 Z17.5	
N360	CYCLE996（10203, 2, 1, 25, 0, 0, 0, 0, 0, 0, 0, 20, 5, 5, 1,, 1,）	B 轴轴心校准第三次测量
N370	CYCLE800（1,"TABLE", 200000, 27, 0, 0, 0, 0, 0, 0, 0, 0, 0, 1, 20, 1）	旋转回 B 轴 0°，C 轴 0°
N380	CYCLE800（）	回转平面清零

（续）

段号	程序	注释
N390	CYCLE996（3201200，2，1，25，0，0，0，-225.971，-550.753，0.2，0.03，20，5，5，1，，1，101）	计算并更新各回转轴数据
N400	M6 T0	测头回刀库
N410	M17	程序结束

（4）零件检测编程方式及过程　对应图 6-2 所示的零件，工件坐标系零偏设定位置如图 6-18 所示。测头刀具类型一定要选择 3D 测头（图 6-19，编号 710），否则执行测量循环时机床会报警。

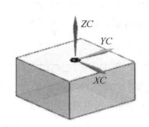

图 6-18　初始工件坐标系位置

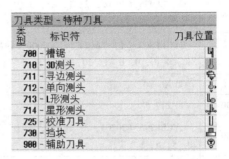

图 6-19　测头刀具类型选择

零件毛坯状态下的初始工件坐标系为工件中心位置，利用 SINUMERIK 测量循环 "矩形凸台"，使测头在方形毛坯四边，分别于 X、Y 方向测量对称的两点。

第一步，工件坐标系零偏测量，操作过程见表 6-3。

第一次在自动编程方式下完成测量循环指令设定工件坐标系零偏，需要在初始阶段设置一个粗略的零偏，以便让测头的测量循环路径能沿着工件外形完成检测动作。

表 6-3　"矩形凸台"测量循环编程操作过程

设置方法	系统操作步骤	基本设置参数
在程序编辑界面，进行 CYCLE977 的基本设置。程序编辑界面中按右扩展键，按软键〖测量工件〗，按软键〖凸台〗，选择矩形特征，完成矩形凸台参数设置	⇒ 测量工件 ⇒ 凸台 ⇒ ⊡	测量：矩形凸台 标准测量法 PL　G17 补偿目标 　　　零偏 　　　G54 W　68.000 L　68.000 α0　0.000 ° DZ　5.000 保护区　　否 DFA　5.000 TSA　5.000

参数说明：

1）标准测量法：机床参数设置中该选项功能打开后，则可选择 "标准测量法""3D 测头，带主轴旋转""3D 测头标定" 等不同的测头测量动作。机床参数中还包含了很多其他的测量相关选项功能可供勾选。

2）PL：测量平面为 G17 平面。

3）补偿目标：设为"零偏"，则会自动补偿机床内工作坐标系零偏数据。

4）零件尺寸为 50mm×50mm×25mm，W 宽度与 L 长度均设定为 60mm。

5）毛坯边缘相对于 X 轴正方向的旋转角度为 0°。

6）测量深度 DZ 为 5mm。

7）如工件为台虎钳装夹，外围没有障碍物，则测量路径的"保护区"为"否"。

编程说明：SINUMERIK 测量循环中，包括了测头开启、关闭，主轴定向，快速移动，测量进给等一系列动作，故而不需要额外编写相应程序代码，见表 6-4。

表 6-4　工件坐标系设定测量参考程序

段号	程序	注释
N10	T = "3D Probe"	选择 3D 测头
N20	M6	换刀到主轴
N30	D1	设置刀沿号
N40	G90G40G17	调用模态指令
N50	G54G0X0Y0Z100	确定零偏
N60	G1Z10F1000	移至测量起始点
N70	CYCLE977（106，1，，1，，60，60，5，5，0，5，1，1，，1，""，，0，1.01，1.01，−1.01，0.34，1，0，，1，1）	"矩形凸台"测量
N80	M30	结束并返回

第二步，30°空间斜面实际角度测量。

利用测量循环 CYCLE998"校准平面"，可在 30°空间斜面上测量 3 个点，此 3 点的分布应符合测量循环中对各点间距的定义，如图 6-20 所示。

测量空间斜面时选择合适的点位，既需要保证点位尽量分散，又不能被斜孔、边缘等其他元素干涉，根据加工后的工件空间斜面外形特点，点位选择如图 6-21 所示。

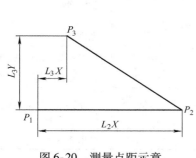

图 6-20　测量点距示意

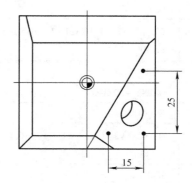

图 6-21　点位选择示意

参数说明（表 6-5）：

1）PL：测量平面为 G17 平面。

2）补偿目标：设为"零偏"，则自动补偿机床内工作坐标系 G54 的角度零偏数据。

3）定位："与面平行"，则测量路径进给方向为沿空间斜面。

4）α：校准平面中采用投影角回转的摆动方式，α 表示平面绕 X 轴相对于 G17 平面的旋转角度。

表 6-5 "矩形凸台"测量循环编程操作过程

设置方法	系统操作步骤	基本设置参数
在程序编辑界面，进行 CYCLE998 的基本设置。程序编辑界面中按右扩展软键，按软键〖测量工件〗，按软键〖3D〗，选择软键〖校准平面〗，完成参数设置	⇨ 🔧测量工件 ⇨　3D ⇨ 🔲	测量：校准平面 PL　　　　G17 补偿目标 　　　　　零偏 　　　　　G54 定位　　　与面平行 α　　16.100° L2X　15.000 β　　26.570° L3X　15.000 L3Y　25.000 保护区　　　否 DFA　5.000 TSA　1.000

5）L_2X：P_1 点与 P_2 点间的距离。

6）β：平面绕 Y 轴相对于 G17 平面的旋转角度。

7）L_3X：P_1 点与 P_3 点在 X 方向的距离。

8）L_3Y：P_2 点与 P_3 点在 Y 方向的距离。

9）如工件为台虎钳装夹，外围没有障碍物，则测量路径的"保护区"为"否"。

10）DFA：测量行程，由于测针离工件 Z 向安全间隙一般设置较大，故增加 DFA 值至 5mm。

11）TSA：测量结果置信区域，如果测量结果超差则产生报警。

编程说明："校准平面"测量循环之前注意选择好测量起始点，即第一个测量点的 X、Y 坐标，保证 3 个测量点各自分布在合理区域，见表 6-6。

表 6-6 工件坐标系设定测量参考程序

段号	程序	注释
N10	T = "3D Probe"	换测头到主轴
N20	M6	换刀到主轴
N30	G54	激活工件坐标系
N40	CYCLE800 (4,"TABLE", 100010, 57, 0, 0, 0, 0, 0, 0, 0, 0, 0, −1, 100, 1)	激活回转平面指令
N50	G90G40G17	调用模态指令
N60	G0X8Y − 20Z100	确定零偏，至测量起始点上方
N70	G01Z4F500	移动至测量起始点位置
N80	CYCLE998 (6,,, 1, 1, 16.1, 26.57, 5, 5,,,, 15,, 15, 25, 1,, 1,)	"校准平面"测量循环
N90	M30	结束并返回

第三步，斜面测量结果查看与分析。

分别查看_OVR［4］工件表面与生效 WCS 的平面第 1 轴之间的实际夹角，_OVR［5］工件表面与生效 WCS 的平面第 2 轴之间的实际夹角。或参考生效 WCS 的平面第 1 轴、2 轴之间的实际与理论夹角的偏差值_OVR［16］、_OVR［17］，如偏差值超差（角度未注公差按国标执行），则可将偏差值分别补偿至加工时各旋转角度数据。

第四步，测量斜孔的直径和孔位。

首先需要将测头移动至 30° 空间斜面的矢量方向，即与之垂直，然后再进行内孔特征检测，操作过程见表 6-7 和表 6-8。

表 6-7　空间斜面"回转平面"循环编程操作过程

设置方法	系统操作步骤	基本设置参数
在程序编辑界面，进行 CYCLE800 的基本设置。在程序编辑界面中按软键〖其它〗，再按软键〖回转平面〗，完成回转平面参数设置		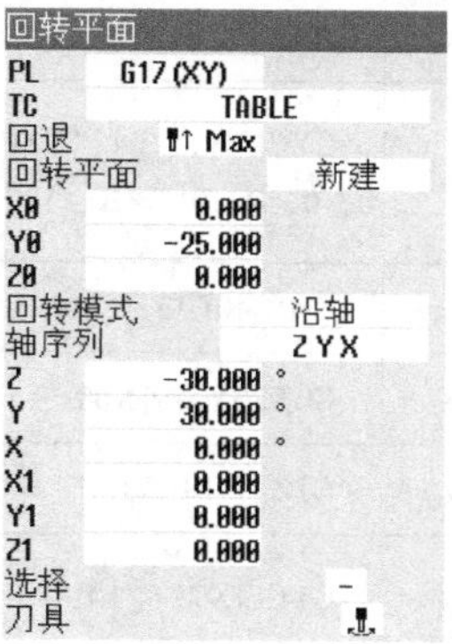

参数说明：首先将工件坐标系原点沿 Y 轴负方向移动 25mm，然后绕 Z 轴旋转 $-30°$，最后绕 Y 轴旋转 30°。

表 6-8　空间斜面"内孔"测量循环编程操作过程

设置方法	系统操作步骤	基本设置参数
在程序编辑界面，进行内孔测量循环设置。在程序编辑界面中按右扩展键，按软键〖测量工件〗，按软键〖孔〗，选择内孔特征，完成内孔参数设置	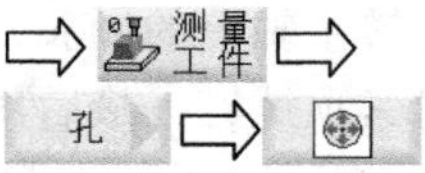	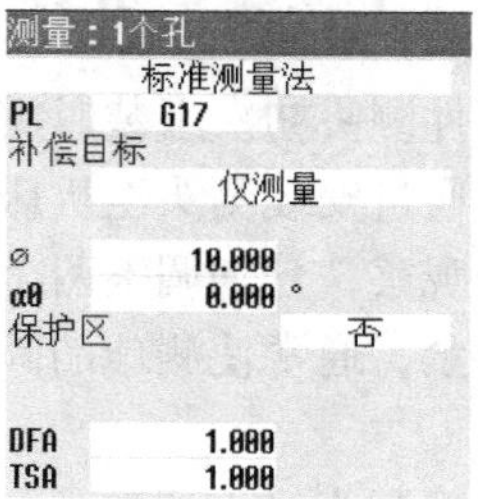

参数说明：

1）补偿目标为"仅测量"，因为孔位不需要作为工件坐标系零偏更新。

2）由于精加工后的阶段，孔位相对于工件坐标系的位置已非常准确，DFA 测量行程，TSA 置信区间可缩小，提高测量效率。

编程说明：SINUMERIK 测量循环中，包括了测头开启、关闭，主轴定向，快速移动，测量进给等一系列动作，故而不需要额外编写相应程序代码，见表 6-9。

第五步，斜孔测量结果的查看与分析。

_OVR〔4〕孔的实际直径，_OVR〔5〕孔中心在平面第 2 轴的实际坐标，_OVR〔6〕孔中心在平面第 2 轴的实际坐标。

孔实际直径超差，则可根据数据补偿刀具半径补偿数值或直接更换刀具后加工下一个零件。孔位超差则需要检查刀具是否垂直、机床主轴轴线角度偏差或机床定位精度。

表 6-9　空间斜面"内孔"测量参考程序

段号	程序	注释
N10	T = "3D Probe"	选择 3D 测头
N20	M6	换刀到主轴
N30	G54	激活工件坐标系
N40	CYCLE800（4,"TABLE"，100010，27，0，−25，0，−30，30，0，0，0，0，−1，100，1）	转至斜孔所在回转平面
N50	G90G40G17	调用模态指令
N60	G0X20Y−9Z100	确定零偏，至测量起始点上方
N70	G1Z−4F1000	移动至测量起始点位置
N80	CYCLE977（101，1，，1，10，，，1，1，0，1，1，，，1,""，，0，1.01，1.01，−1.01，0.34，1，0，，1，1）	"内孔"测量循环
N90	M30	结束并返回

6.2　五轴工件测头基础知识

6.2.1　工件测头组装注意事项

工件测头初次组装时需要注意调整测针未工作状态下的偏摆量，可通过安装测头至机床主轴，手动旋转主轴上的测头，使用千分表观察，分别调整两个方向上的两对紧顶螺钉，最后用适当的力拧紧，通常使测球的圆跳动值保持在 $10\mu m$ 以内，如图 6-22 所示。

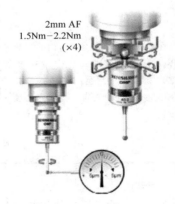

图 6-22　小型测头测针对心调整

小型测头对心调整步骤：

1）分别观察相对两螺钉朝向千分表时的压表数据，两边的数据差值的一半即为即将调整的量。

2）先将压表较少的一端螺钉适当松开，再将压表较多的一端螺钉顺时针向螺纹孔内拧，同时观察千分表转过步骤一所观察到的调整量，重复上述动作，直到两边差值小于 $10\mu m$。

6.2.2　在线测头信号诊断

机床测头信号传输的形式主要有硬线连接、红外线光学信号、无线电信号，可根据机床结构大小、传输距离、布线方式等因素进行选择。五轴数控机床中旋转轴若会因工作台旋转一定角度后阻挡与接收器间的光学传输信号，或者机床较大，传输距离较远，影响正常传输，则应选择无线电信号传输在线测头。在线测头无线电信号传输如图 6-23 所示。

在线测头初次安装使用前，应诊断信号是否正常，否则测头将无法正常运行，甚至有碰撞的危险。

　　以 SINUMERIK 840D sl 系统为例：

　　1）进入系统 PLC 变量界面 。

　　2）输入图 6-24 所示的 PLC 地址位，手动触发测头 1 或测头 2，输入的 PLC 地址位有翻转信号。

　　测量信号也可以根据测头触发时，执行测量余程删除指令 MEAS，通过机床进给是否停止来判断信号正常与否。

　　操作步骤示例：

　　1）在 MDA 模式下输入程序段并执行 MEAS = 1 G91 G01 X50 Y0 F100。

图 6-23　在线测头无线电信号传输

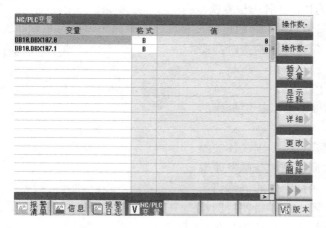

图 6-24　信号状态 PLC 变量查看画面

　　2）机床 X 轴开始移动时，注意观察 X 坐标变化。

　　3）在机床 X 轴执行进给动作的过程中，使测头触发，查看 X 轴进给是否停止。

　　注：MEAS 等于 1、-1、2 或 -2 四种情况由测头装调时指定。

6.3　五轴工件测头标定知识

　　（1）标定的概念　标定是指使用标准的计量仪器对所使用仪器的准确度（精度）进行检测，看其是否符合标准，一般大多用于精密度较高的仪器。对于测头来说，则是用测头直接测量标准件，得出测量误差，以便在常规检测时将此误差进行补偿。

　　（2）标定的重要性　未标定的测头在工作中存在以下运动误差，测头测量运动误差如图 6-25 所示。

　　1）触发前的预行程、测针偏摆等误差。

　　2）机床在读取测量信号时也会由于信号传输、处理信号占用微少的时间而造成信号延迟，从而产生位移误差。

　　3）机床接收到测量信号后由运动到停止的减速过程中造成的位移误差。

为尽量避免以上误差对测量结果带来的影响，使用机床测头测量之前必须通过标定校准的方式检测出机床测头按正常恒定测量速度、相同的信号响应时间等情况下的各项误差值，以便在测量过程中进行误差补偿，从而得到高精度的测量结果。

标定必须在任何可能导致测头测量位置发生变化的情况下进行，如：

1）第 1 次使用测头时。

2）测头更换测针。

3）怀疑测针弯曲或测头发生碰撞后。

4）机床进行了调整，如补偿位置误差。

5）刀柄因素。刀柄与测头间的连接被移动；如果测头刀柄与主轴间安装定位的重复性差，在这种特殊情况下，每次调用测头时都要对其重新校准。

6）测量速度发生变化。

7）周期性地进行校准以补偿机床的机械变化误差。

测量速度需要恒定，这一点往往被操作者忽略。因机械式测头结构与触发原理的特点（图 6-26），在标定时的进给倍率与测量时的进给倍率不一致，将使得测针分别在标定、测量时的预行程等导致的 X、Y 向的偏移，Z 向的缩进量不一致，从而会较大地影响测量结果的准确性。

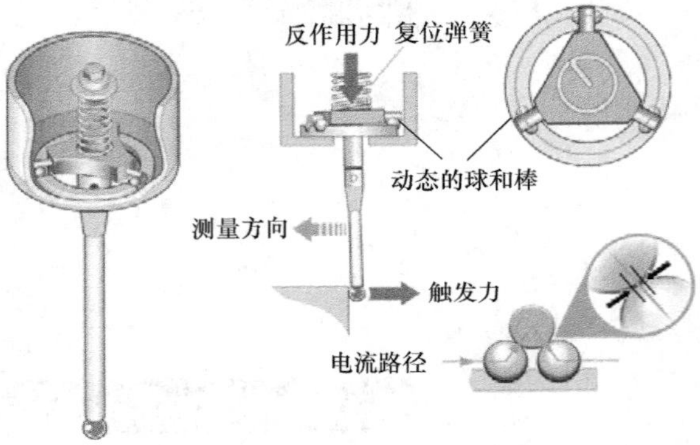

1—机械预行程　2—接口响应时间
3—控制器响应时间　4—减速距离
图 6-25　测头测量运动误差

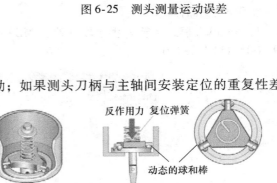

图 6-26　机械式测头结构与触发原理

6.4　五轴相关测量循环操作方法

6.4.1　特征测量循环功能简介

SINUMERIK 系统中的测量循环软件有两种形式可以选择使用：

1）嵌入测量循环宏程序至子程序目录下，通过宏程序调用的方式，运行测量循环指令。

2）SINUMERIK 840D sl 系统 ShopMill 菜单测量循环功能包含了各类形状的零件特征（图 6-27）。

如需使用编辑模式下测量循环与 3D 测量循环，则须购买开通相应的授权（图 6-28）。

除查看变量外，西门子系统测头测量结果查看方式还有很多种：

1）在 NC 程序编写"WRITE"指令可将测量结果输出至指定 NC 文本（图 6-29）。

2）自西门子 SW4.7 版本起，在功能更加强大的全新测量结果功能菜单（图 6-30）或参数界面设置好相应参数，可输出文本格式（TXT）、表格（CSV）格式的测量报告，如图 6-31 所示。

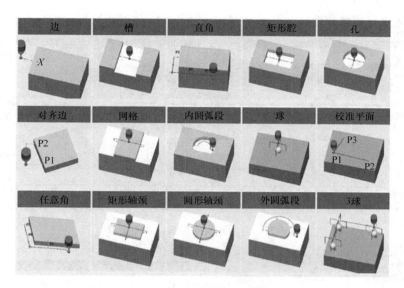

图 6-27　测量循环零件特征类型

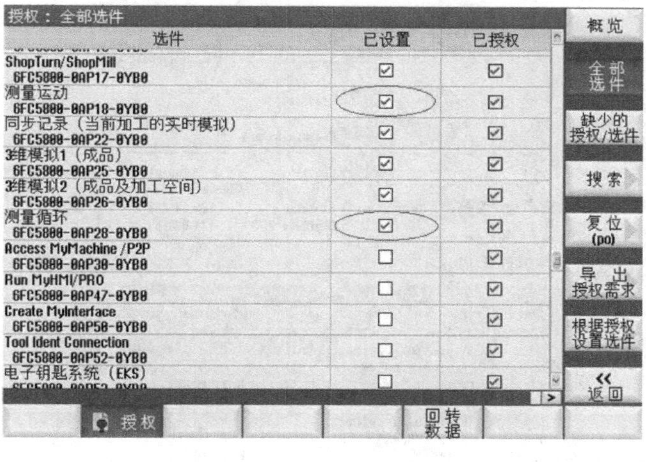

图 6-28　编辑方式下的测量选项

6.4.2　单个球体测量（CYCLE997）

以测量球体为例，编程方式下 CYCLE997 测量单个球体的操作步骤如下：

第一步，选择软键〖测量工件〗→〖3D〗，选择第二项"球体"图标（图 6-32）。

第二步，设定 CYCLE997 菜单中的各项参数（图 6-33）。

1）PL：选择测量所在平面。

2）补偿目标：选择"零偏"，则测量球体的中心坐标将自动补偿至工件坐标系零偏；选择"仅测量"，

图 6-29　应用"WRITE"指令输出测量报告

只测量球体，不进行零偏补偿。

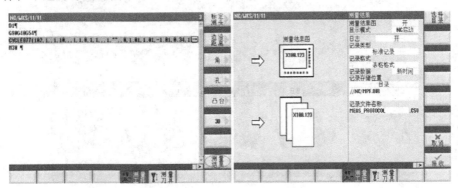

图 6-30　新版系统测量结果功能菜单

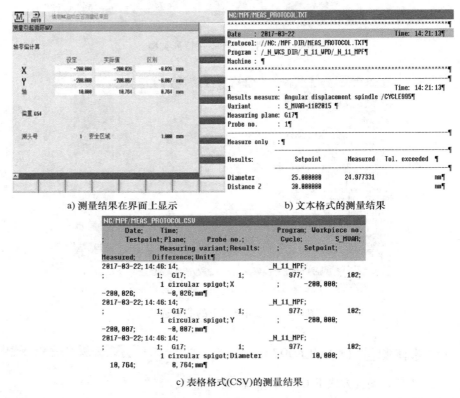

a) 测量结果在界面上显示　　　　　　b) 文本格式的测量结果

c) 表格格式(CSV)的测量结果

图 6-31　各种格式的测量报告

3）定位：选择"与轴平行"，测量进给路径将沿与各轴平行的方向移动，只执行 4 点测量直径；选择"沿圆弧"，测量进给方向将沿球体圆弧方向移动，且可以选择 3 点或 4 点测量直径。

第三步，查看测量结果，见表 6-10。

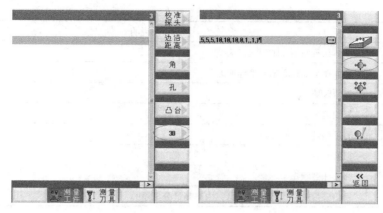

a) 〖3D〗软键位置　　　　　　　　　b) 〖球体〗软键位置

图 6-32　3D 球体测量循环软键

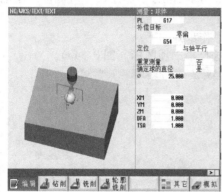

a) "与轴平行"定位　　　　　　　　b) "沿圆弧"定位

图 6-33　CYCLE997 单个球体测量循环菜单设定

表 6-10　单个"球体"测量结果参数一览

参数	说明
_OVR [0]	球体目标直径
_OVR [1]	球体在平面第 1 轴的目标位置
_OVR [2]	球体在平面第 2 轴的目标位置
_OVR [3]	球体在平面第 3 轴的目标位置
_OVR [4]	球体实际直径
_OVR [5]	球体在平面第 1 轴的实际坐标
_OVR [6]	球体在平面第 2 轴的实际坐标
_OVR [7]	球体在平面第 3 轴的实际坐标
_OVR [8]	球体直径偏差
_OVR [9]	球体在平面第 1 轴的坐标偏差

（续）

参数	说明
_OVR［10］	球体在平面第2轴的坐标偏差
_OVR［11］	球体在平面第3轴的坐标偏差
_OVR［28］	置信区域
_OVI［0］	零偏编号
_OVI［2］	测量循环编号
_OVI［9］	报警号
_OVI［11］	补偿任务状态
_OVI［12］	发出警告时补偿的故障信息，内部测量分析用

6.4.3　主轴角度差测量（CYCLE995）

测量循环 CYCLE995 是基于雷尼绍专利 AxiSet™ 的校准方法。建议尽可能使用雷尼绍测头应用 CYCLE995。

在编程方式下 CYCLE995 测量主轴角度差的操作步骤如下：

第一步，选择软键〖测量工件〗→〖3D〗，选择第二项图标（图6-34a）。

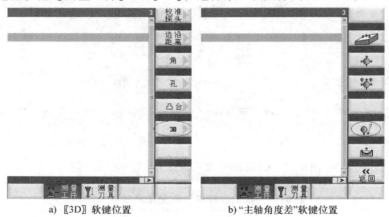

a)〖3D〗软键位置　　　　　b)"主轴角度差"软键位置

图6-34　3D球体测量循环软键

第二步，设定 CYCLE995 菜单中的各项参数（图6-34b）。

1）PL：选择测量所在平面。

2）确定球的直径：被测球直径已知则选择"是"。

3）φ：被测球直径数值。

4）αθ：测球起始点相对于 X 轴的接触角度。

5）DZ：第二次测球的探针深度（第二次测量将用测针杆接触球外径）（图6-35）。

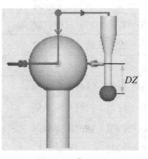

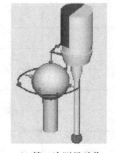

a) DZ示意　　　　　b) 第二次测量动作

图6-35　CYCLE995 第二次测量

6）*DFA*：测量行程。

7）*TSA*：测量结果的置信区域。

8）测量公差：选择"是"或"否"。

9）*TUL*：工件公差上限数值。

第三步，测量结果查看　基于测量值，计算主轴与平面轴的角度偏差（图 6-36），测量结果参数见表 6-11。通过测量的角度偏差，主轴可以进行机械调整对准刀具轴，或者可利用 CYCLE995 的结果参数（_OVR），使用确定的角度数据来对齐旋转轴。

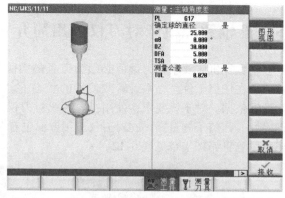

图 6-36　CYCLE995 主轴角度差测量循环菜单设定

表 6-11　单个"球体"测量结果参数一览

参数	说明
_OVR [2]	*X* 轴和 *Z* 轴之间的实际角度
_OVR [3]	*Y* 轴和 *Z* 轴之间的实际角度
_OVR [4]	球体和测量位置在测头轴向上的 *Z* 轴距离
_OVR [5]	*X* 轴和 *Z* 轴间的超差值
_OVR [6]	*Y* 轴和 *Z* 轴间的超差值
_OVR [7]	主轴弯曲度 *XZ*（*XZ* 在 G17 平面）
_OVR [8]	主轴弯曲度 *YZ*（*YZ* 在 G17 平面）
_OVR [9]	角度测量值的公差上限（_OVR [2]，_OVR [3]）
_OVI [2]	测量循环编号
_OVI [3]	测量版本
_OVI [5]	测头标定数据区
_OVI [9]	报警号
_OVI [10]	球体标称直径
_OVI [11]	球心在平面第 1 轴的目标位置
_OVI [12]	球心在平面第 2 轴的目标位置
_OVI [13]	球心在平面第 3 轴的目标位置
_OVI [14]	球体实际直径
_OVI [15]	球心在平面第 1 轴的实际位置
_OVI [16]	球心在平面第 2 轴的实际位置
_OVI [17]	球心在平面第 3 轴的实际位置
_OVI [18]	球直径差值
_OVI [19]	球心在平面第 1 轴的坐标差值
_OVI [20]	球心在平面第 2 轴的坐标差值
_OVI [21]	球心在平面第 3 轴的坐标差值

注：*X* = G17 平面的第 1 轴，*Y* = G17 平面的第 2 轴，*Z* = G17 平面的第 3 轴。

6.5 五轴数控机床对刀仪应用简介

五轴数控机床要求各刀偏值必须为刀具的实际刀长，以便在各刀具相对于工件发生偏转动作后，即在任何工件坐标系旋转或偏移的状态下，刀具底部至当前加工表面位置均获得正确的长度计算依据。对于该要求，使用机内在线对刀仪（图6-37）进行自动对刀，将提高对刀效率和准确性。西门子测量循环在对刀仪应用方面也有多种应用方式，对刀仪的类型、用途及对应西门子系统测量循环指令见表6-12。

a) 非接触式（激光）对刀仪   b) 接触式对刀仪

c) 断刀检测仪

图 6-37　对刀仪与断刀检测仪

表 6-12　对刀仪类型、用途与西门子相关软件

序号	名称	应用场合	西门子系统测量循环
1	接触式对刀仪	常规刀具	JOG 方式与编程方式〖测量刀具〗循环
2	非接触式对刀仪	微型、脆性、双面刃刀具	编程方式〖测量刀具〗循环
3	断刀检测仪	钻攻加工较多的场合	加装西门子系统适用的断刀检测宏程序或HMI人机对话界面

第 7 章

五轴加工技术拓展

本章内容主要是在此前立式铣削五轴的基础上，引入"车铣复合五轴"初级案例以及"高档数控机器人五轴加工"技术介绍，拓展学习者对五轴加工技术应用范围的认知。关于本部分的学习和介绍，有两点需要提前说明：

1. 车铣复合技术

车铣复合技术涉及多主轴及刀架，空间运行和干涉状况相比一般立卧式五轴加工技术情况更为复杂。本章节选取的案例，虽然不含曲线和曲面的加工，但是涉及空间变换及车铣工艺同步，G 代码手工编程的效率和正确度相对较低，使用一般的图形化编程也有一定的编程难度。因此根据实际情况采用人机对话 – 图形工步编程方式，不需要使用 CAM 软件，同时减少了程序传输及后置处理环节。在西门子 840D sl 系统内称之为 ShopTurn 编程（一般铣削五轴采用 ShopMill 编程，该功能属于选配）。

2. 工业机器人五轴加工技术

该技术属于高档数控系统与关节臂式多轴机器人的交叉学科技术，尤其是具备旋转刀具中心点（俗称刀尖跟随），属于新技术，在此仅从特点及应用进行普及性介绍。

7.1 车铣复合初级编程练习

车铣复合加工中心（图 7-1）是五轴加工技术复合化、多工艺的一个重要发展方向。原来由于车铣复合加工机床的设备价格昂贵，同时受困于车铣复合机床编程的复杂，对于一些零件的加工，许多企业设备选型时宁可采用"五轴数控机床 + 数控车"的方式来解决，但是不可避免地增加了工序的复杂程度和重复定位误差。

目前随着高档数控系统人机对话图形 3D 显示（参考第 1 章 1.3 五轴数控系统与编程方法概述）的出现，同时机床的不断更新与发展及市场竞争，车铣复合机床的成本价格越来越接近五轴数控机床，编程也越来越简便直观。特别是车铣复合采取车铣联动，属于高效加工范畴，在航

图 7-1　车铣复合加工中心及典型产品零件

空航天、船舶、医疗器械、能源等相关行业大量使用，在普通民用行业里的普及性也不断提升。

九轴五联动车铣复合中心的结构整体倾斜床身布局，机床配置有双主轴和上下双刀架，上刀架带 Y 轴、B 轴、带刀库，上下刀架带动力刀具（图7-2）。该类机床适用于形状复杂、加工精度要求较高的零件加工。机床的控制系统采用在世界车铣复合领域通用的 SIEMENS 840D sl 控制系统，系统配备先进的五轴联动软件，能实现 X、Y、Z、B、C 五轴的联动加工，极大地提升了机床的性能和品质。机床的具体运动关系描述如下：

图7-2　车铣复合机床运动坐标

1）机床主轴分为机床第1主轴、机床第2主轴、机床第3主轴和机床第4主轴。

2）机床上刀架能实现3个直线运动轴和1个回转运动轴的运动。3个直线轴运动分别为 Z_1 轴、X_1 轴、Y_1 轴，一个回转运动轴为 B 轴（B 轴的工作角度各厂家有所差异）。

3）在 B 轴工作台上装有动力刀具主轴，该动力刀具主轴上既可安装车削类刀具（实现车削功能），又可安装铣削类刀具（实现铣削功能）。动力刀具主轴既能实现对第3主轴上零件的加工，又能实现对第4主轴上零件的加工。

4）机床下刀架能实现两个直线运动轴的运动，两个直线运动轴分别为 Z_2 轴和 X_2 轴。机床下刀架既能满足车削的要求又能实现铣削的功能，上面安装的动力刀具不仅能实现对第3主轴上零件的加工，还能实现对第4主轴上零件的加工。

为了更好地说明车铣复合的编程技术，下面选取一个加工任务进行描述。

7.1.1　加工任务描述

加工如图7-3所示的多角度斜面车铣复合工件，其工件特点是由45°倒角、30°斜面、矩形凸台、外表面圆弧槽等组成，所以采用车削、铣削、"3+2"定位加工等完成工件的加工。

根据练习图样列出关键要素及内容，见表7-1。

7.1.2　加工工艺描述

车铣复合零件的加工步骤：首先编写 $\phi60\text{mm} \times 30\text{mm}$、$\phi80\text{mm} \times 20\text{mm}$ 台阶轴的加工程序，然后编写铣削矩形凸台、型腔，再进行主副轴交换（注意写入零点偏移），在副主轴上编写 $\phi60\text{mm} \times 40\text{mm}$ 轴、45°标准倒角、指定斜面和倾斜面敞开槽，旋转 C 轴定位加工纵向槽的程序。

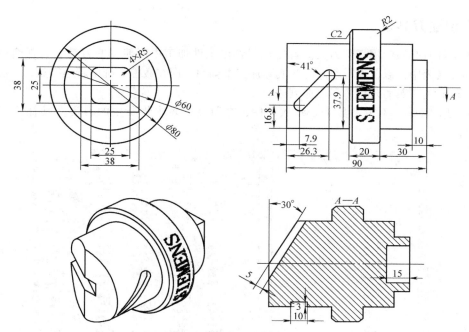

图 7-3   多角度斜面车铣复合工件

表 7-1   车铣复合工件图中的要素

序号	要素	内　　容
1	毛坯尺寸	$\phi84\text{mm} \times 90\text{mm}$ 棒料
2	加工方式	车削和铣削复合工件加工类型
3	编程方式	西门子 ShopTurn 人机对话工步编程
4	刀具	$\phi10\text{mm}$、$\phi16\text{mm}$ 铣刀和93°外圆车刀
5	工件装夹定位时注意	机床 B 轴摆动后是否会发生干涉和碰撞
6	关注点	正确建立工件坐标系和刀具参数

车铣复合零件的加工步骤如图 7-4 所示。

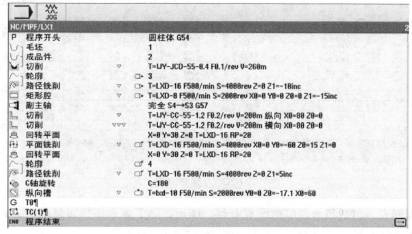

图 7-4   车铣复合零件的加工步骤

7.1.3 创建刀具表

加工工件时必须使用切削刀具。首先学习将该工件加工中所使用的刀具参数正确存储到数控系统的刀具表中，以备编写程序时和实际加工中调用，即在数控系统中新建刀具，方法如下：

ShopTurn 为刀具管理配置了三张列表：

（1）刀具清单　不论刀具是否装入刀库，在刀具列表中将所用的刀具及其补偿值都输入（图7-5）。

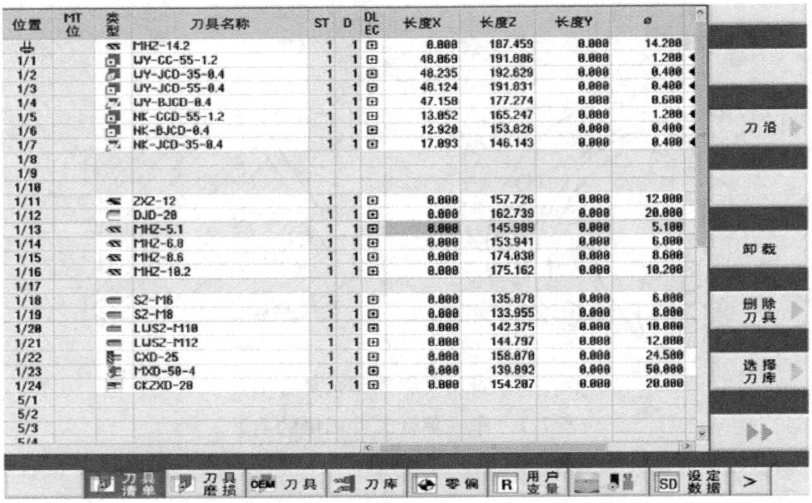

图7-5　刀具清单表

（2）刀具磨损　此处输入刀具磨损，包括刀具长度或刀具直径的细微差别，图7-6。

图7-6　刀具磨损表

（3）刀库列表　包括归入刀库的所有刀具。该列表除了显示每把刀具的状态以外，还可为刀库定位或锁定刀库刀位（图7-7）。

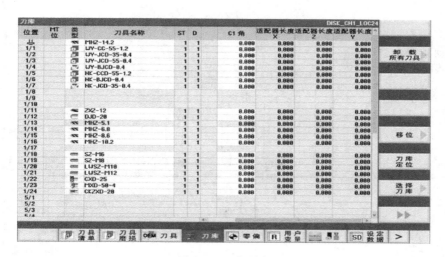

图 7-7 刀库列表

7.1.4 新建刀具

（1）在"刀具表"中新建刀具 在操作面板区域单击 ，选择软键 刀具清单，将光标移动到"刀具表"最后一个刀位号之下，选择软键 新建刀具，选择刀具类型"粗加工刀具"，将选择刀具位置 ，选择 确认，如图 7-8 所示。

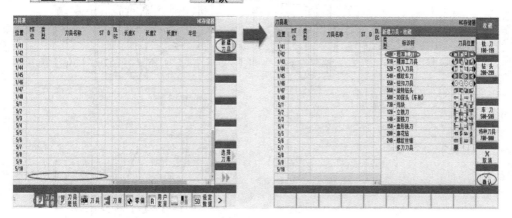

图 7-8 在"刀具表"中新建刀具

（2）刀具参数 新建刀具时会显示刀具参数表格，功能作用如图 7-9 所示。

注：确定好一系列刀具参数里面的功能作用后输入所对应的数值及选项，然后按图7-9左下角的【INPUT】键确认输入值。

（3）刀具尺寸参数 确保刀具参数设置无误，刀具必须占据位置 $B1 = 0°$，此时人字形开口必须朝向操作者，刀具尺寸参数如图 7-10 所示。为了确定刀具长度 X 向的正负号，坐标系将设在刀具的刀尖上，设定刀长。

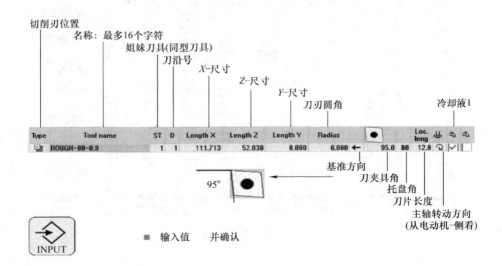

图 7-9　刀具参数表格的功能作用

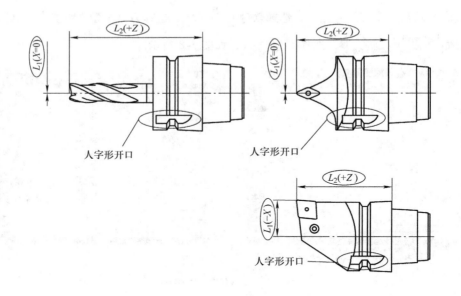

图 7-10　刀具尺寸参数

7.1.5　建立工件坐标系

工件零点也被称为程序零点，就是工件坐标系的原点。工件零点可自由选择，编程的目的一般应是不通过换算就可以将工件图中的尺寸用作坐标，如果特别需要的情况下，可通过零点补偿生成更方便的图样参考点。

通常情况下车削零件上的工件零点位于主轴和平面的交点上。对于铣削零件，零点通常在毛坯的顶点上。

采用试切法，切削毛坯来测量切削后的尺寸建立工件坐标系（图7-11）。

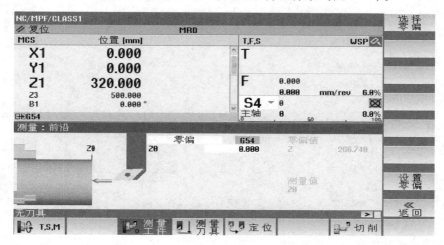

图7-11 试切法建立工件坐标系系统界面

7.1.6 第3主轴编程

介绍完加工工艺，创建刀具，确定工件坐标系后进入到编程环节，根据练习图样及车铣复合装夹特点确定先加工有方的一侧。在主轴上编程：

（1）新建程序和设置程序开头（表7-2）

表7-2 新建 ShopTurn 程序，设置程序开头

设置方法	操作步骤	参数设置
在程序编辑界面下，进行程序头的基本设置。通过点击程序目录界面中的软键【新建】，点击软键【ShopTurn】或【G代码】后，输入新建的程序名称，点击软键【接收】，进入程序页面，设置程序开头，最后点击【接收】，完成程序开头参数的设置	程序界面⇨新建⇨ShopTurn 或 G 代码⇨接收	程序开头 零点偏移　　　　　G54 写入　　　　　　　　否 毛坯　　　　　　　圆柱体 XA　　　　84.000 ZA　　　　0.000 ZI　　　 −90.000 inc ZB　　　 −54.000 inc 回退　　　　　　　简单 XRA　　　　2.000 inc ZRA　　　 10.000 abs 尾架　　　　　　　否 换刀点　　　　　　MCS XT　　　 435.780 ZT　　　 709.096 S4　　　 1500.000 rpm S3　　　 1500.000 rpm 主轴卡盘数据　　　否 SC　　　　0.500 加工方向　　　　　顺铣 Z3J　　 1470.000

注：完成程序开头基本设置后，通过 ShopTurn 进行轴、凸台、型腔的程序编程参数设定，实现车削与铣削加工。

（2）创建车削毛坯轮廓（图7-12）

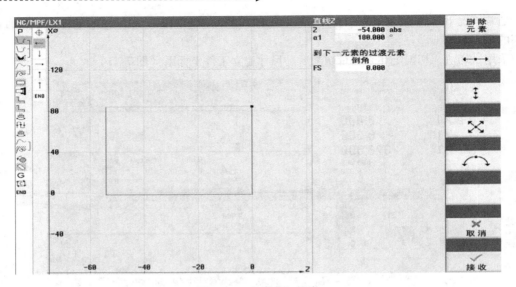

图 7-12　车削毛坯轮廓

（3）创建成品件轮廓与车削轮廓循环（图 7-13、图 7-14）　模拟 3D 图如图 7-15 所示。

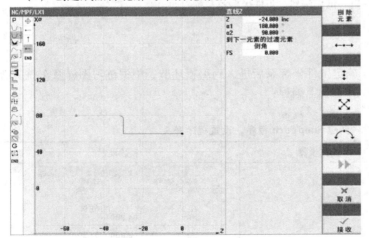

图 7-13　成品件轮廓

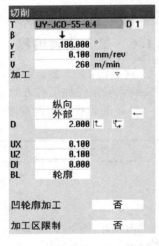

图 7-14　轮廓车削循环设置

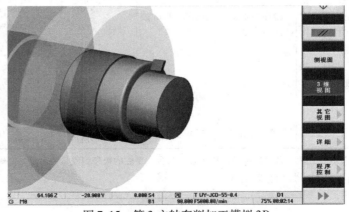

图 7-15　第 3 主轴车削加工模拟 3D

（4）创建矩形凸台的轮廓与矩形轮廓铣削（图 7-16、图 7-17）　模拟 3D 图如图 7-18 所示。

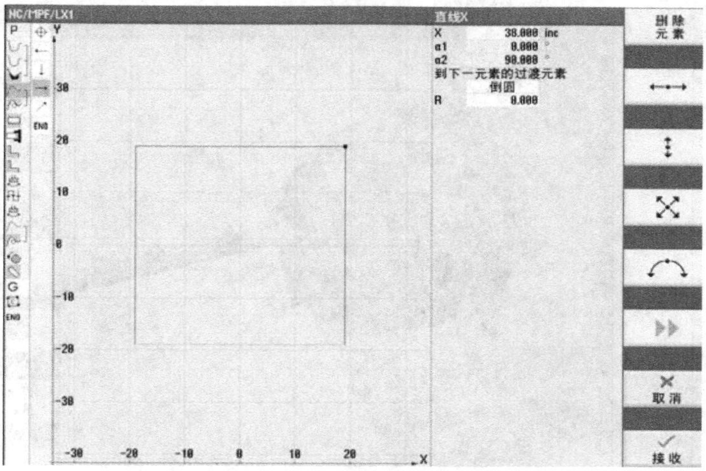

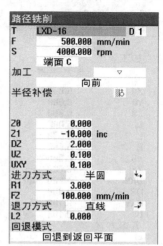

图 7-16　矩形凸台的轮廓

图 7-17　矩形轮廓铣削参数设置

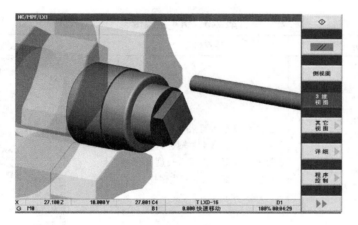

图 7-18　矩形凸台模拟

（5）矩形腔的参数设置与模拟（图 7-19、图 7-20）

　　注：矩形凸台与矩形腔铣削编程，可以直接找选择框，也可以用轮廓线来加工，两种都可。

（6）编程说明　车铣复合编程可以采用 G 代码编程或 ShopTurn 编程。此次采用 ShopTurn 编程。ShopTurn 编程是对话式输入数据，然后系统自动转换成 G 代码，针对简单零件的加工既简便又直观。

7.1.7　第 4 主轴传递与加工模拟

在第 3 主轴中编程加工完成后转接到第 4 主轴上，传递参数见表 7-3、传递模拟如图 7-21 所示。

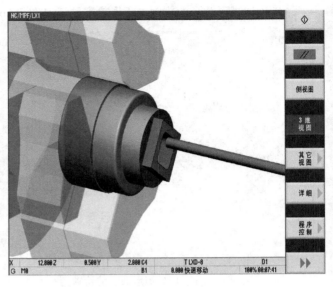

矩形腔		
T	LXD-8	D 1
F	500.000	mm/min
S	2000.000	rpm
端面 C		
加工		▽
单独位置		
X0	0.000	
Y0	0.000	
Z0	0.000	
W	25.000	
L	25.000	
R	5.000	
α0	0.000	°
Z1	−15.000	inc
DXY	4.000	mm
DZ	2.000	
UXY	0.100	
UZ	0.100	
下刀方式	螺线	
EP	2.000	mm/rev
ER	3.000	

图 7-19 矩形腔参数设置　　　　　　　图 7-20 矩形腔模拟

表 7-3 第 4 主轴传递

参数说明	注意事项	参数设置
采用整个零件传送的方式进行传递加工，第 4 主轴到工件 + 10mm 的位置设置 G01 的进给，进给速度 100mm/min，到 − 25mm 的位置进行夹紧，零点写入到 G57 坐标里	注意零点是否写入，如没有写入零偏，必须在第 4 主轴进行工件零点设置。如写入，写入长度必须是工件实际长度，避免发生碰撞	副主轴　整个传送 夹紧 β γ 　　MCS XP　452.206 ZP　710.523 吹洗卡盘　　　是 DIR　⊠　　○ α1　0.000 Z1　−25.000 ZR　10.000 abs FR　100.000 mm/min 固定挡块　　否 拖动 拖动毛坯　　否 切断循环 背面　　　　否 零点偏移　　G57 写入　　　　是 ZV　−90.000 inc Z3W　1470.000

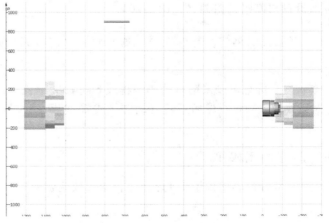

图 7-21 第 4 主轴传递模拟

7.1.8　第 4 主轴编程

（1）编程说明　第 4 主轴编程毛坯及成品件的编程方向和第 3 主轴方向一致，与第 3 主轴加工不同的是，第 4 主轴车削编程直接选用切削模式，而第 3 主轴车削编程是轮廓编程加工。完成第 4 主轴上的第 1 序加工后，第 2 序需进行 CYCLE800 "沿轴" 回转模式编程和 C 轴定向加工编程，来完成指定斜面、斜面敞开槽、圆面纵向槽的程序设置及加工。

（2）$\phi 60 \text{mm} \times 40 \text{mm}$ 的轴粗加工参数设置与精加工参数设置（图 7-22、图 7-23）　模拟 3D 图如图 7-24 所示。

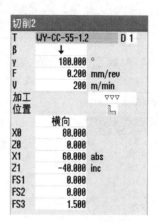

图 7-22　车削粗加工参数设置　　　　　　图 7-23　车削精加工参数设置

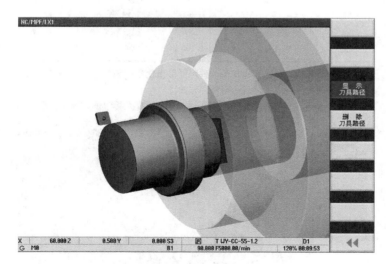

图 7-24　第 4 主轴车削加工模拟 3D

（3）CYCLE800 回转平面变化步骤 3D 坐标（表 7-4）

表7-4　CYCLE800 回转平面变化步骤 3D 坐标

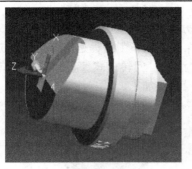	
回转前坐标	绕 Y 轴回转后坐标

（4）回转参数及铣削斜面　参数设置见表7-5，模拟 3D 图如图 7-25 所示。

表7-5　回转平面设置及铣削斜面参数

CYCLE800 回转参数设置	参数说明	平面铣削循环参数设置	参数说明
回转平面 T　LXD-16　　　　D 1 RP　　20.000 C0　　0.000 ° X0　　0.000 Y0　　0.000 Z0　　0.000 回转模式　　　沿轴 轴序列　　　　XYZ X　　0.000 ° Y　　30.000 ° Z　　0.000 ° X1　　0.000 Y1　　0.000 Z1　　0.000	绕 Y 轴旋转 30°	平面铣削 T　LXD-16　　　　D 1 F　　500.000 mm/min S　　4000.000 rpm 　　端面 B ◯ 加工 方向 X0　　0.000 Y0　　-60.000 Z0　　15.000 X1　　60.000 inc Y1　　60.000 inc Z1　　0.000 abs DXY　　8.000 mm DZ　　5.000 UZ　　0.000	此斜面除使用 CYCLE61 平面铣削循环加工外，还可以使用 G 代码进行编程

注：此处仅仅是说明 CYCLE800 的另一种编程方式，对比可看出使用"沿轴"回转模式编程比较直观、简洁。在实际使用中，要根据图样的标注特点，灵活运用编程方式。

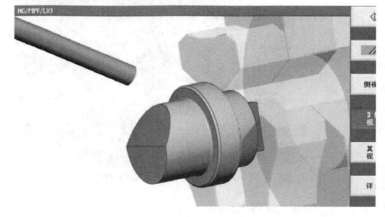

图 7-25　斜面铣削加工模拟 3D

（5）倾斜敞开槽铣削轮廓编程与铣削参数设置（图 7-26、图 7-27） 倾斜敞开槽模拟 3D 图如图 7-28 所示。

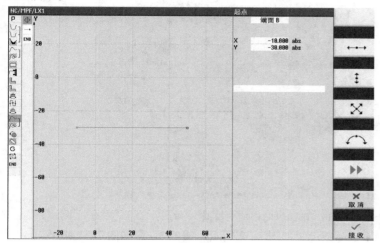

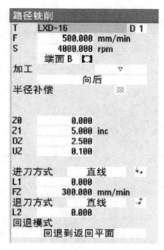

图 7-26 倾斜敞开槽铣削轮廓编程

图 7-27 倾斜敞开槽铣削参数设置

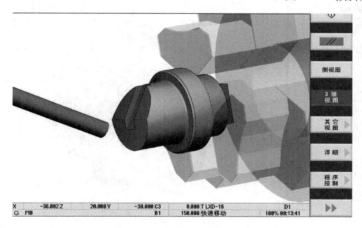

图 7-28 斜面敞开槽模拟 3D

（6）C 轴旋转定向加工纵向槽（图 7-29、图 7-30） 模拟 3D 图如图 7-31 所示。

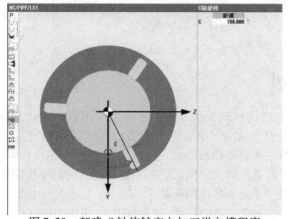

图 7-29 新建 C 轴旋转定向加工纵向槽程序

图 7-30 C 轴旋转定向加工纵向槽参数设置

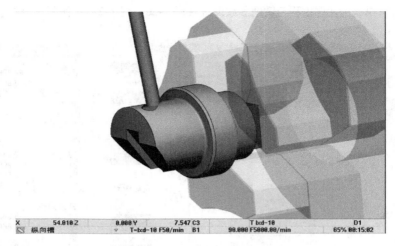

图 7-31　轴面纵向槽加工模拟

（7）刻字编程参数设置及刻字　参数设置如图 7-32 所示，模拟 3D 图如图 7-33 所示。

图 7-32　刻字编程参数设置

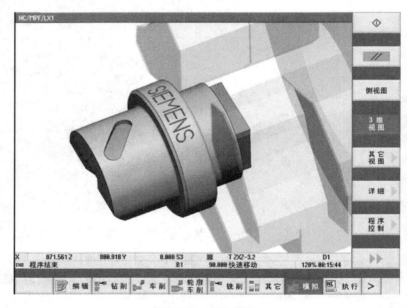

图 7-33　刻字模拟

7.2　工业机器人五轴加工技术应用

　　随着市场劳动力成本快速上涨，传统陈旧的制造模式受到了巨大冲击，采用机器人代替劳动力已成为我国新的比较优势。机器人已从"备选"成为"必选"，推动我国制造业加速产业发展，成为实现制造业转型升级、提升制造业竞争力的重要路径。

　　在机械加工领域，工业机器人的应用，除了常见的装夹、搬运，在工业机器人的高层次应用方面，依托工业机器人和高档数控机床的多通道、工业网络通信等技术的结合，已经能够像数控机床一样实现五轴切削加工（铣削、3D 打印等），如图 7-34 所示。该种加工应用的范围更广、

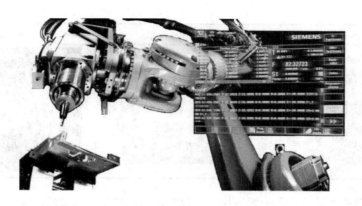

图 7-34 高档数控系统控制工业机器人五轴铣削加工

柔性化也更强，并在一定范围内可以替代五轴数控机床，甚至能够根据加工工序需要换刀，同一机械臂上可以同步实现铣削和装夹功能，如图 7-35 所示。

为了对该技术的介绍更容易理解，我们先介绍一下工业机器人在数控机械加工中的相关应用。

可转位
夹持抓

电主轴

切削刀具

图 7-35 机器人臂同时安装切削刀具及可转位夹持抓

7.2.1 机械加工领域工业机器人与数控机床的集成应用层级

在机械加工领域，工业机器人与数控机床的集成应用，是工业机器人应用的一个重要领域，具体的技术层级可以见表 7-6 的划分。

表 7-6 机器人与机床的集成应用层级

层级	基础应用	中级应用	高层级应用
简图	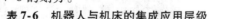		
简述	通过 PLC 的 I/O 点通信，依托机器人自身控制系统对动作进行编程和控制	通过 PLC 层连接，通过数控系统直接对机器人的动作进行操作控制和编程	路径规划使用数控系统基于运动控制连接，所有的编程和操作均按照数控系统的方式来实现

（续）

层级	基础应用	中级应用	高层级应用
应用场景			

表 7-6 中提及的基础应用及中级应用相对较为普遍，在此不再赘述，以下重点介绍数控系统在工业机器人中的高级应用。

本文前部分所描述的工业机器人在高档数控系统控制下进行五轴数控铣削加工，就属于这方面的典型应用。这项技术可以理解为，工业机器人（机械手臂）的手臂末端增加一个铣削工具（如电主轴，也可以是 3D 打印设备），电主轴上可以安装切削刀具，通过控制刀具的运动轨迹来实现规定的加工动作，这样使工业机器人具备了类似数控机床的铣削加工能力（表 7-7）。

表 7-7　六轴工业机器人与高档数控组合进行五轴机械加工

机器人本体	西门子 840D sl 数控系统	机器人各部分名称
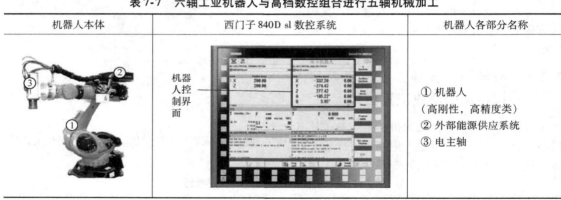	机器人控制界面	① 机器人（高刚性，高精度类） ② 外部能源供应系统 ③ 电主轴

由于工业机器人的自由度更多，更灵活，它较之一般的五轴数控机床具有高柔性、成本低、工作范围广、占地面积小、高智能化等优点。目前，随着刚性的不断提升，在一些重要领域，如航空航天、3D 模型制造、异形模具等，工业机器人逐渐取代传统五轴数控机床进行大型、异形产品的铣削、空间高精度打孔等加工。例如，通过高档数控系统西门子 840D sl 控制 KUKA 六轴机器人进行复杂的曲面多轴加工，具体加工案例如图 7-36、图 7-37、图 7-38 所示。

　　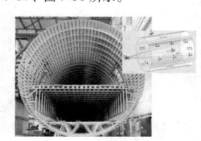

图 7-36　大型叶片腔体加工成品　　图 7-37　某异形腔体的铣削　　图 7-38　飞机腔体空间精确打孔或铆接

（1）机器人铣削技术的加工工艺　表 7-8 为机器人铣削实现过程。

表 7-8　机器人多轴切削技术的加工工艺流程

CAD 设计或图样解读	CAM 编程或依托系统对话编程	形体复杂零件空间运动需要 CAM 仿真	CAM 后置处理或调用系统循环或代码	加工制造

（2）铣削加工工业机器人中西门子 840D sl 数控系统与传统机器人控制系统的比较（表 7-9）。

表 7-9　840D sl 高档数控控制工业机器人与传统机器人控制在五轴应用的比对

项目	840D sl 高档数控控制工业机器人	传统机器人控制系统控制工业机器人
控制系统	控制系统可以采用传统机床控制系统，除各品牌自身的编程习惯以外，可以使用通用 ISO 代码编程	使用自身的控制系统，由于工业机器人发展相比数控机床更晚，控制系统编程格式通用性相对较差
RTCP 旋转刀具中心点功能	在五轴加工技术中，追求刀尖点轨迹及刀具与工件间的姿态时，由于回转运动造成了刀尖点的附加运动，使得数控系统控制点往往与刀尖点不重合，因此高档数控系统会自动修正控制点，以保证刀尖点按指令的既定轨迹运动	暂无该功能，在做五轴联动曲面加工的过程中容易造成过切
工件坐标系	系统与机器人出厂前连通后，建立工件坐标系方法可以参考传统方式	工件坐标系建立对技术技能相比数控复杂
程序通用性及换刀	在设定好工件坐标系后，程序通用性强，同一程序只要调整刀具半径补偿即可使用在多把刀具的粗精加工中	每一把刀都需要重新编程及对刀，过程繁琐
软件通用性	可以使用传统的 CAM 软件进行编程，在后置处理具备的前提下，操作编程更为简便	只能使用专用的机器人编程软件，目前个别通用软件开始涉及
应用人才队伍储备	有大量的数控技术技能型人才储备，可以通过参照数控技术技能型人才培养模式，采用案例培训培养	工业机器人基础人才储备正在起步，应用人才队伍相对储备更小
备注	由于该项技术属于新技术，目前暂时只针对 KUKA 机器人特定机型和西门子 840D sl V4.7 及以上版本，且需要增加特殊功能选项。该版本能够实现铣削机器人 CNC 编程，路径规划，刀具管理，调试和操作。机器人可以操控实现运动学控制，伺服 - 电动机控制，精度补偿和安全控制等。具体细节请咨询相关厂家	

7.2.2 西门子840D sl 高档数控控制工业机器人铣削编程基础

（1）机器人切削编程坐标系设定　为了描述机器人在空间的位姿，需在物体上固连一个坐标系，然后确定该坐标系位姿（原点位置和三个坐标轴姿态），即需要 6 个自由度来完整描述该刚体的位姿。

对于工业机器人，由于需要在末端法兰安装刀具来进行作业，为了确定该刀具的位置，需要在刀具上绑定一个工具坐标系 TCS（Tool Coordinate System），TCS 的原点就是 TCP（Tool Center Point，工具中心点）。在机器人轨迹编程时，需要将 TCS 在其他坐标系的位姿记录到程序中执行。此外，在编程过程中需要设定基础坐标系（Base Coordinate System）、法兰端部坐标系统（Flange coordinate system）和工件坐标系（Work Object Coordinate System）。表 7-10 为以上 4 个坐标系的介绍。

表 7-10　机器人编程使用坐标系介绍

坐标系类型	图示	说明
基础坐标系	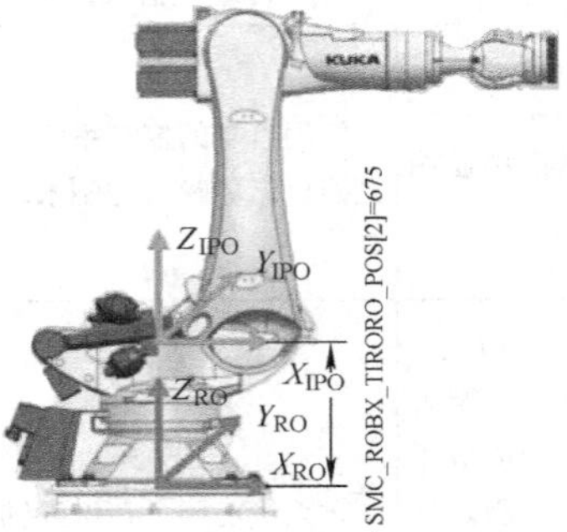	在标准设置中，基础坐标系位于机器人足部（见左图中位置靠下的坐标系）。因此，与机器人内部的坐标系比较，产生了 Z 方向的一个偏差。参照工厂实践，根据需要在机器人内部的坐标系上，可以进行基础坐标的偏移与旋转，不一定要在机器人的足部进行坐标变换 注：以上以 KUKA KR300 R2500 Quantec Ultra 机器人为例
法兰端部坐标系统	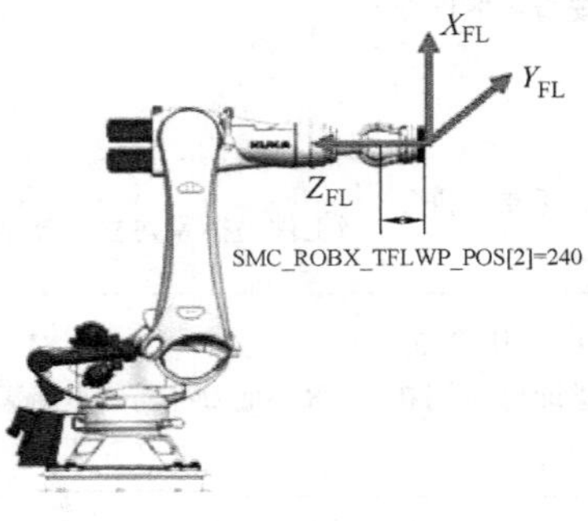	在默认的设置中法兰坐标系的方向如左图所示
用于单个零件工具坐标系下的法兰坐标系	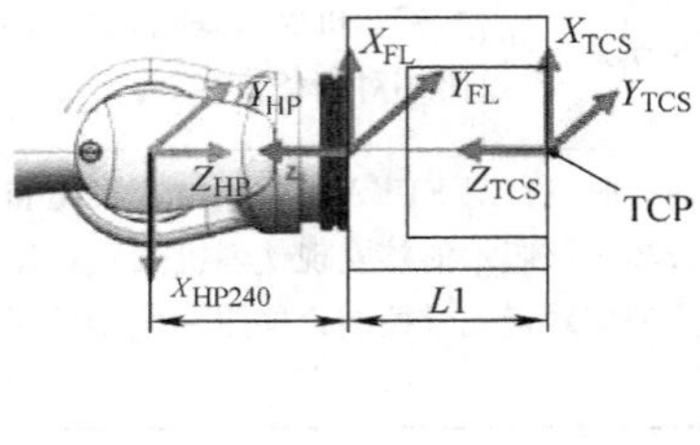	对于单个零件的工具，工具长度（$L1$，$L2$，$L3$）的参考点以及法兰坐标系的工具旋转如左图所示，此为一个抓手工具的例子

（续）

坐标系类型	图示	说明
用于多个零件工具坐标系下的法兰坐标系	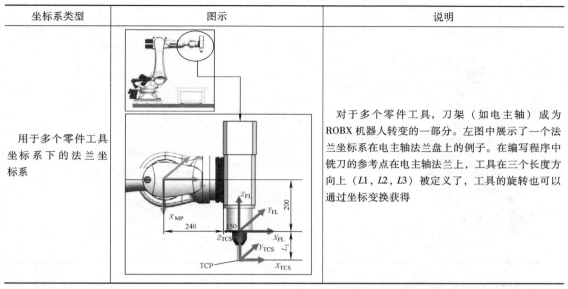	对于多个零件工具，刀架（如电主轴）成为 ROBX 机器人转变的一部分。左图中展示了一个法兰坐标系在电主轴法兰盘上的例子。在编写程序中铣刀的参考点在电主轴法兰上，工具在三个长度方向上（$L1$、$L2$、$L3$）被定义了，工具的旋转也可以通过坐标变换获得

　　（2）机器人铣削程序编写　以西门子 840D sl 数控系统为例，机器人铣削编程最常用的两种方法是"直接角度编程"和"刀轴矢量控制编程"。

　　1）直接角度编程。在使用直接角度编程时必须关闭 TRAORI 指令，即使用 TRAFOOF 指令。这种编程方式主要使用在管道内部的机器人。例如：

N15 TRAFOOF

N16 G0 RA1 = 0.0000 RA2 = −90.0000 RA3 = 90.0000 A = 0.0000 B = 0.0000 C = 0.0000

　　在使用虚拟旋转轴角的笛卡尔编程时，必须先激活 TRAORI 指令，然后再输入 $X/Y/Z$ 的笛卡尔坐标位置和旋转角 A、B、C 的角度。例如：

N15 TRAORI

N16 G1 X1336.4283 Y1016.1269 Z426.6311 A = 136.0484 B = −32.2151 C = 160.9643 F2000

　　2）刀轴矢量控制编程。通过虚拟旋转轴角度 A、B、C 编程的方向，TCS（工具坐标系）相对于基准坐标系旋转。参考坐标系可以是机床坐标系（MCS）或工件坐标系（WCS）。在定向编程中经常使用 ORIMKS（机床坐标系）和 ORIWKS（工件坐标系）编程命令。

　　实例 1：

N12 G500

N13 ORIMKS

N14 ORIVIRT1

N15 TRAORI

N16 G1 X1590 Y0 Z1784 A = 0 B = −90 C = 0 F2000

图 7-39 所示是使用 ORIVIRT1 指令 $A = 0$ $B = −90$ $C = 0$ 旋转程序样例。

表 7-11 是 840D sl 系统屏幕显示机器人机床坐标系和不带刀具状态下的工件坐标系。

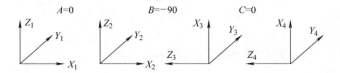

图 7-39　使用 ORIVIRT1 指令 $A = 0$ $B = −90$ $C = 0$ 旋转程序样例

表 7-11　机器人在没有刀具时编程坐标系及数控系统坐标显示

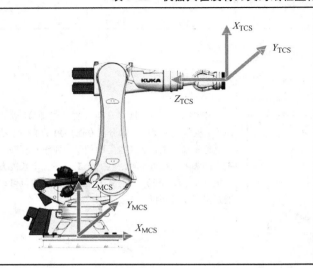

工件坐标系实际值

WKS	Position [mm]
X	1590.000
Y	0.000
Z	1784.000
A	0.000 °
B	-90.000 °
C	0.000 °

机床坐标系实际值

MKS	Position [mm]
RA11	0.000 °
RA12	-90.000 °
RA13	90.000 °
RA14	0.000 °
RA15	0.000 °
RA16	0.000 °

实例2：以下是 ORIVIRT1 指令在工件坐标系下的使用：

; $P_ UIFR [1] = CTRANS (X, 1669, Y, 0, Z, 490)：CROT (X, 0, Y, 0, Z, 90)

N12 T = "T8MILLD20" D1 ; $TC_ DP3 [1, 1] = 135

N13 ORIWKS

N14 ORIVIRT1

N15 TRAORI

N16 G54

N17 G1 X0 Y – 71 Z959 A = 0 B = 0 C = – 90 F2000

840D sl 系统屏幕显示机器人在有刀具时的机床坐标系和工件坐标系见表 7-12。

表 7-12　机器人在有刀具时编程坐标系及数控系统坐标显示

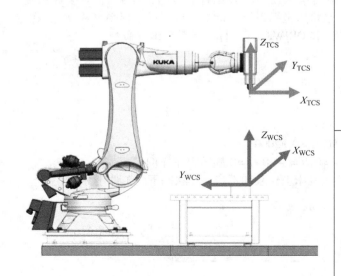

工件坐标系实际值

WKS	Position [mm]
X	0.000
Y	-71.000
Z	959.000
A	0.000 °
B	0.000 °
C	-90.000 °
SP	0.000 °

⊞▷G54　▷Z

机床坐标系实际值

MKS	Position [mm]
RA11	0.000 °
RA12	-90.000 °
RA13	90.000 °
RA14	0.000 °
RA15	0.000 °
RA16	0.000 °
SP1	0.000 °

⊞▷G54　▷Z

（3）西门子 840D sl 高档数控控制工业机器人铣削编程样例（表 7-13）

表 7-13　西门子 840D sl 高档数控控制工业机器人铣削编程样例

	程序	说明
N1	G90	绝对编程
N2	T = "T8MILLD20" D1 M6	刀具调用
N3	TRAORI ; $P_ UIFR [1] = CTRANS (X, 1500, Y, 0, Z, 400): CROT (X, 0, Y, 0, Z, -90)	TRAORI 功能激活
N4	G54	
N5	M3 S20000	
N6	ORIWKS	机器人工件坐标系激活
N7	ORIVIRT1	ORIVIRT1 指令激活
N8	CYCLE832 (0.01, _ FINISH, 1)	曲面精优功能调用
	; HOME	
N9	TRAFOOF	TRAORI 功能关闭
N10	G0 RA1 = 0.0000 RA2 = -90.0000 RA3 = 90.0000 A = 0.0000 B = 90.0000 C = 0.0000	机器人按指令摆动到规矩姿态
N11	TRAORI	TRAORI 功能激活
N12	G54	
N13	G0 PTP X1369.2426 Y956.7528 Z502.5517 A = 135.5761 B = -33.2223 C = 161.1435 STAT = 'B010' TU = 'B001011'	机器人按指令摆动到规矩姿态
N14	G0 X1355.1242 Y1014.9394 Z424.9695 A = 135.8491 B = -33.1439 C = 160.9941 STAT = 'B010' TU = 'B001011'	机器人按指令摆动到规矩姿态
N15	G1 CP X1354.8361 Y1016.1269 Z423.3862 A = 136.0635 B = -33.0819 C = 160.8770 F1000	机器人按指令摆动到规矩姿态
N16	G1 X1336.4283 Y1016.1269 Z426.6311 A = 136.0484 B = -32.2151 C = 160.9643 F2000	机器人按指令摆动到规矩姿态
N17	G1 X1317.9831 Y1016.1269 Z429.6730 A = 136.0175 B = -31.3394 C = 161.0655	机器人按指令摆动到规矩姿态
	; HOME	
N18	TRAFOOF	TRAORI 功能关闭
N19	G0 RA1 = 0.0000 RA2 = -90.0000 RA3 = 90.0000 A = 0.0000 B = 90.0000 C = 0.0000	机器人按指令摆动到规矩姿态
N20	M30	程序结束

840D sl 高档数控控制工业机器人与传统五轴数控机床应用对比见表7-14。

表7-14　840D sl 高档数控控制工业机器人与传统五轴数控机床应用对比

对比项	高档数控控制工业机器人	五轴数控机床
机床结构图		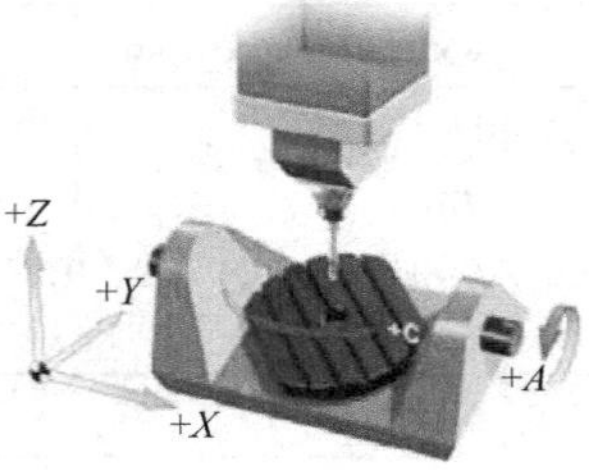
成本	同等成本下，可以实现更大的加工范围，而且机器人结合数控系统的设备占用空间更小	设备自身占用空间更大，同等加工范围成本更高
加工范围	6轴机器人相对空间自由度更大，可以很容易地避免奇异点。同等成本配合以导轨，还可以实现更大加工范围	加工范围受机床结构影响，自身自由度更少，加工范围受制约，有奇异点
刚性	同等规格相比五轴数控机床刚性要低	刚性相对更好

第 8 章

五轴数控系统维护与保养

本章内容主要是在此前五轴基础编程案例和五轴拓展技术学习的基础上，对高档数控系统的维护和保养进行讲解。

1. 数控系统的组成

学习五轴数控系统的组成可以为后续提升维护保养能力打下必要的基础，尤其是了解各部位的名称、作用，有利于读者下一步分类学习调试、备份及相关维护。

2. 数控系统的数据批量调试（数据备份与恢复）

指导读者对所调试数据适时地做备份，并予以留档，一旦机床系统出现了硬件或软件故障，可以利用备份数据快速恢复数控机床的出厂状态。

3. 数控系统硬件模块维护保养

根据编者的实践经验，将西门子 840D sl 数控系统硬件类的故障进行大类划分，帮助读者有针对性地进行日常保养维护，并介绍一些数控系统硬件维护保养的常用方法。

4. 资料与报警的查阅

通过阅读西门子专业资料库 "DOC on CD"，能够帮助用户快速查找所需维护维修及工艺资料。通过对报警信息的阅读，提升操作者判断故障内容与位置的能力。

但是需要注意的是，不同的机床厂家对于维护保养有不同的规定，在学习相关知识的同时，需要认真阅读专业说明书，对于必须由专业工程人员或指定操作人员实施的部分，非专业人员请勿擅动！

8.1 数控系统的组成

五轴数控机床综合了机械、自动化、计算机、测量、微电子等多种技术，使用了大量传感器，特别是其配备的高档数控系统尤为重要，是机床的核心。做好基本的维护保养，可以降低设备维修成本、减少故障停机时间、提高设备利用效率及运行效率，从而最终保障五轴数控机床的生产效率。因此，五轴数控系统的日常维护和保养就显得尤为重要。尤其是西门子 840D sl 这样的在高档数控

图 8-1　在工业生产中广泛配备的 840D sl 数控机床

机床广泛应用的高档数控系统（图 8-1），日常的维护与保养就更加重要了。学习五轴数控系统的组成可以为后续提升维护保养能力打下必要的基础，下面就以西门子 840D sl 数控系统为例进行讲解。

西门子 840D sl 数控系统通过三种网络连接，分别是工业以太网、PROFIBUS 网络以及

DRIVE CLiQ，图 8-2 所示为 840D sl 数控系统组件连接结构。

目前，西门子 840D sl 已经开始配备 PROFINET 网络，虽然其传输和多项性能更优，但是由于面世的时间相比 PROFIBUS 网络晚，目前存量机床系统仍以配备 PROFIBUS 网络为主。因此，在此讲解的是 PROFIBUS。

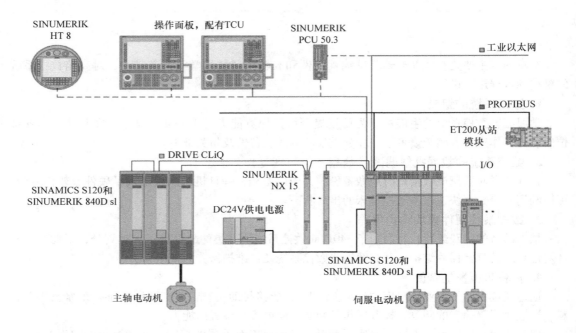

图 8-2　840D sl 数控系统组件连接结构

这里从网络连接以及系统组件功能出发，把数控系统的各个要素进行整理，见表 8-1。

表 8-1　西门子 840D sl 数控系统网络连接及组件要素

连接网络	网络功能	组件及功能	
工业以太网	用于连接数控系统各个组件	NCU 数控单元	实现数控机床的运算及控制的核心单元
		精简型客户端单元（TCU）	实现数控机床的操作界面显示
		面板控制单元（PCU）	实现数控机床的操作界面显示及控制
		手持操作终端（HT2、HT8）	实现数控机床可移动的简洁控制及操作
		机床控制面板（MCP）	实现数控机床的控制及操作
PROFIBUS	用于连接机床外设 IO 从站	ET200 从站	通过 PROFIBUS - DP 现场总线网络连接机床外围电气的输入输出信号
DRIVE CLiQ	用于连接驱动系统及电动机	主动型电源模块（ALM） 基本型电源模块（BLM）	提供模块通信以及驱动直流母线电压
		伺服电动机模块（MM）	提供模块通信及电动机功率
		信号模块（SMI20、SMC、SME）	实现电动机编码器、外置编码器或光栅等测量系统信号转换为 DRIVE CLiQ 信号

数控机床的操作面板、PCU、TCU 等部件安装在机床的操控台上，无论是机床操作人员还是

设备维护人员都比较熟悉。但是机床电气柜内的模块布局对于机床操作人员来说就比较陌生了，因此有必要了解各个组件模块在数控机床的哪些部位。图 8-3 所示是一台 840D sl 数控系统的机床电气柜模块布局结构。

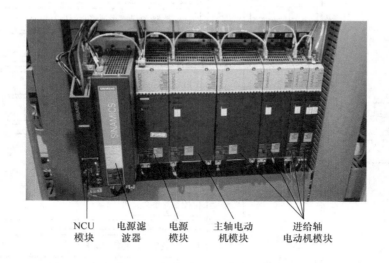

图 8-3　配备 840D sl 数控系统的机床电气柜模块布局结构

8.2　数控系统的批量调试

8.2.1　数据结构

西门子高端数控机床通常配置 840D sl 数控系统，其中 NCU（Numeric Control Unit）以及 PCU（Panel Control Unit）具有数控机床配置的相关数据。NCU 中的数据包括数控机床的 PLC（Programming Logical Controller，可编程逻辑控制器）数据、NCK（数控核心单元，检测 NCK 或 NC）数据、以及驱动 S120 数据，这些数据涵盖了数控机床制造商以及机床使用者对于该机床的所有配置数据、程序等，也是机床正常加工运行的基础，因此这些数据也需要分别单独执行备份归档。PCU 主要用于安装 Windows 操作系统、各种应用软件、机床厂配置的 OEM 软件以及数控加工运行的 HMI 系统软件等。

在西门子 840D sl 数控系统中有四类数据需要批量管理，分别为 NCK（Numerical Control Kernel）、PLC、Drive 以及 HMI 数据，西门子 840D sl 数控系统中的四种数据类型如图 8-4 所示。

8.2.2　权限的设置

西门子数控系统给不同的目标用户定义了相应的操作等级，不同的操作等级可以获得的操作权限是不一致的，见表 8-2。权限的定义能够有效地保护数控机床的各项设置、操作以及权益。比如，数据批量调试的备份与恢复分别需要不同的权限，建立调试存档（即数据备份）需要 4 级权限（钥匙开关位置 3），而载入调试存档（即数据恢复），则需要 2 级或 1 级权限。对于 4～7 级权限设置是通过不同颜色的钥匙实现的，而对于 1～3 级权限则是通过在数控系统 HMI 的"调试"操作区域界面中设置密码来获得。

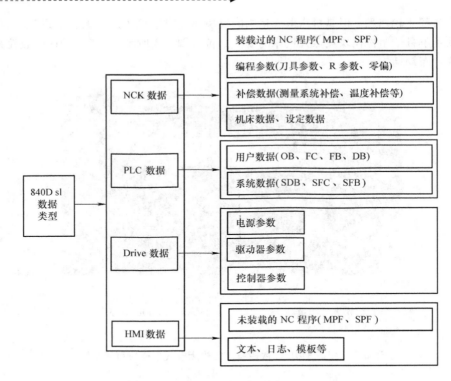

图 8-4　西门子 840D sl 数控系统中的四种数据类型

表 8-2　西门子数控系统权限等级定义

访问级别	目标用户	保护方式
1 级权限	制造商	密码：SUNRISE
2 级权限	调试及服务工程师	密码：EVENING
3 级权限	机床最终用户	密码：CUSTOMER
4 级权限	程序员和安装人员	橙色钥匙：钥匙开关位置 3
5 级权限	合格操作员	绿色钥匙：钥匙开关位置 2
6 级权限	受过培训的操作员	黑色钥匙：钥匙开关位置 1
7 级权限	未受培训的操作员	没有钥匙：钥匙开关位置 0

4 ~ 7 等级权限钥匙开关位置图

钥匙开关位置 0	钥匙开关位置 1	钥匙开关位置 2	钥匙开关位置 3

8.2.3　数据批量调试

在进行调试工作时，为了提高效率不做重复性工作，需对所调试数据适时备份。在机床出厂前，为该机床所有数据留档，也需对数据进行备份。一旦机床出现了硬件或软件故障，可以利用备份数据快速恢复数控机床的出厂状态。

一台数控系统在出厂时的状态和一台数控机床出厂时的状态是不同的。机床制造厂家为了使数控机床得以正常运行，已经将许多信息集成到数控系统中，这些数据称为批量调试数据。一般分为 HMI、NC、PLC 以及驱动批量调试存档，其中 NC、PLC 以及驱动数据存储于 NCU 的 SRAM 内存中，需要由电池保存。在本章中，以 Operate 4.5 版本的 HMI 界面为准，介绍数据批量调试操作步骤，按照图 8-5 所示按键顺序在 HMI 上找到批量调试存档操作界面。

图 8-5 批量调试存档操作顺序

图 8-6 所示为批量调试存档的操作界面，在该界面下可以执行"建立调试存档"（可以执行 NC、PLC、驱动以及 HMI 的数据备份，如图 8-7 所示）、"载入调试存档"（数据恢复）等操作。选择"建立调试存档"选项，则可以执行 NC、PLC、驱动及 HMI 的数据备份，如图 8-7 所示。

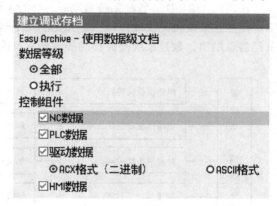

图 8-6 批量调试存档的操作界面　　　图 8-7 批量调试备份操作

"NC 数据及带补偿数据"，包含除驱动机床数据之外的所有机床和设置数据、刀具和刀库数据、补偿数据、循环、零点偏移、R 参数、零件程序、工件文件、子程序、选件数据、全局及本地用户数据（GUD 和 LUD）。

"PLC 数据"指的是 NCU 中 PLC 用户项目程序，包括 PLC 程序逻辑、PLC 硬件组态。

"驱动数据"指的是 NCU 中 SINAMICS 驱动数据的归档，包括 S120 的电源、电动机模块以及电动机的数据信息。

"HMI 数据"是存储在 HMI 上的数据，如果数控机床有硬盘，那么该项操作所备份的数据通常是硬盘上 HMI 的部分数据，因此一般不单独做 HMI 的归档备份，而是对整个硬盘做 GHOST 镜像备份。

需要备份的数据在图 8-7 所示的操作界面中勾选，给定相应的名称以及确定存储路径即可执行相应的批量调试备份操作。批量调试归档文件可以存储在数控系统的 CF 卡或者硬盘上，也可以存储在 USB 移动存储介质中。最好是在数控系统中将归档保存在控制器上，同时在外部电脑创建副本，以便在数据还原时使用。

需要注意的是，因为对于数控机床来说，只有正常状态下的数据才是有效的数据备份，这些数据信息需要让机床维护人员能够清晰明了地辨别出来。因此，在输入文件名称和备注信息时，最好能够体现出所备份文件的内容以及执行数据备份时机床的状态等信息。比如备注信息输入"NC with compensation data and Machine is OK"，在备份创建信息中可以输入备份的日期等信息，比如"Created by Service 20170322"。

当数控机床需要还原批量调试归档文件时，则可以在图 8-6 所示界面中，选择"载入调试文档"，然后选择需要恢复的调试文件，点击"确认"开始执行数据恢复，此时数控系统会出现一系列的状态显示框，并最终提示完成数据恢复，读入调试文档选项如图 8-8 所示。

图 8-8　读入调试文档选项

8.3　数控系统硬件模块维护保养

在西门子 840D sl 数控系统启动时，会对系统硬件进行检测，如果数控系统硬件模块存在故障，则数控系统将无法通过检测并且无法加工运行。根据西门子 840D sl 数控系统故障维修的大量经验总结出，数控系统硬件类的故障通常有图 8-9 所示几大类。

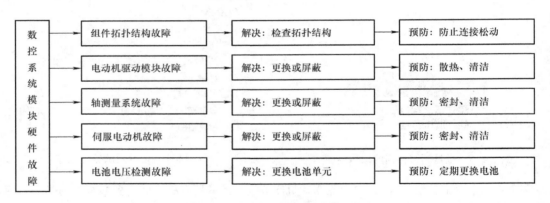

图 8-9　数控系统硬件常见故障及其预防

从图 8-9 中可以看出，如果能够做好数控机床的日常保养维护，则可以极大地降低数控系统硬件模块的故障发生率。在某些情况下，系统硬件出现故障时，可以通过屏蔽故障的方法让数控系统通过硬件检测并使机床进入加工运行状态。在本小节中，将介绍一些数控系统硬件维护保养的常用方法。

8.3.1　数控系统检查要点

一般西门子 840D sl 的数控机床都是比较高端的设备，通常机床制造商在模块布局安装、散热系统等方面都经过专业的设计。但是，设备经过长时间在现场使用运行，不可避免地会由于各种原因而改变设备的初始状态。尤其是对于用户来说，了解一些必要的数控系统检查要点，会有利于和维护维修部门及企业打交道，利于交接后的日常维护工作。在此，我们通过一些典型的现场图片对比，来展示数控系统的检查要点，见表 8-3。

表 8-3　数控系统的检查要点

检查要点	良好维护的机床	缺乏良好维护的机床
检查连接电缆接头、接口是否连接牢靠	模块的 DRIVE CLiQ 总线、以太网接口连接正常且牢靠	某次维修后未复原连接安装，存在故障隐患
检查电缆介质是否破皮、绞断或短接	安装保护波纹管确保电缆安全	电动机动力线由于机械挤压导致破皮
检查电缆屏蔽是否良好、布线是否合理	良好规范的布线连接是保证数控系统稳定运行的基础	杂乱的电缆布线及连接几乎是数控机床的噩梦
空调系统是否正常工作、通风口是否堵塞	电气柜通风口定期保养清洁	电气柜的通风口积灰将会导致柜内散热不良，从而使设备故障率升高

（续）

检查要点	良好维护的机床	缺乏良好维护的机床
风扇单元是否积灰或油污而导致运转不良	电气柜风扇定期保养清洁	电气柜的风扇长时间未清洁

机加工车间的环境总是免不了灰尘、金属粉屑、油污等，并且数控机床，尤其是以五轴数控机床为代表的高档数控机床运行，更离不开压缩空气、冷却、润滑等。如果机床的密封不良，或机床清洁不到位，那么故障率将不可避免地越来越高。在清洁及密封方面需要注意如下几个方面：

1）检查压缩空气是否经过过滤、干燥。

2）机床的液压、气压的压力是否正常，是否存在泄漏。

3）机床各个需要密封连接的部件，其密封防护等级是否正常。

4）车间环境温度是否符合机床要求。

以上几个方面通常也是数控机床日常维修保养的检查要点。

8.3.2 数控系统的电池与风扇

在数控系统中，NCU 配有备用电池及风扇单元，电池用于保护 SRAM 中存储的数据，风扇用于模块的散热。

在数控系统模块正常使用过程中，电池效率可能会逐渐降低，从而导致电压下降，或者冷却风扇出现磨损迹象。出现相应的情况，都必须更换电池或风扇。在更换电池之前，应先备份数据。NCU 的电池和风扇位于电池风扇单元中，电池风扇单元安装在 NCU 盒底部，可以分别更换电池和风扇，也可以更换整个单元（图 8-10）。如果电池电压降至 2.8 ~ 2.9V，则触发报警编号"2100 NCK battery warning threshold reached"；如果电池电压持续降低至 2.4 ~ 2.6V，则触发报警"2101 NCK battery alarm"，此时，一旦数控系统断开电源，则存储数据可能丢失。（注意！更换电池的时候，要在系统带电时进行，否则容易丢失数据。）

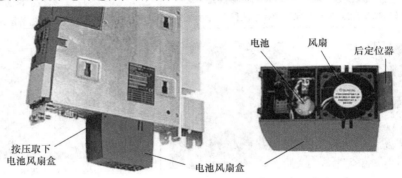

图 8-10　NCU 电池风扇单元

NCU 电池风扇单元的更换步骤如下：

1）向后轻推电池风扇单元，释放固定夹。

2）向下移出电池风扇单元，使后定位器从 NCU 盒中移出。

3）使新的电池风扇单元略微前倾，并将定位器插入到 NCU 盒底部的导轨中。

4）向上提起电池风扇单元的前端，使固定夹锁定在固定位置上。

5）电池风扇单元和控制单元通过两个小插头/插孔相连，当电池风扇单元锁定就位时，这些组件会自动连接。

8.3.3　电气模块的风扇更换

在数控系统的电源模块及驱动模块中，风扇单元是保证其长时间稳定运行的关键一环。如果风扇单元不良，将不利于模块的散热、除尘、除潮，因而影响模块的使用寿命，增加机床的故障率。下面介绍的是 S120 驱动系统中 50～200mm 宽度的模块更换风扇单元的操作步骤，见表 8-4。

表 8-4　模块更换风扇单元的操作步骤

步骤	模块宽度 50mm	模块宽度 100mm	模块宽度 150mm 和 200mm
把模块从电柜中取下来，并把风扇盖取下			
拔出风扇连接端子并取出风扇			
安装新的风扇，并检查风扇的风向			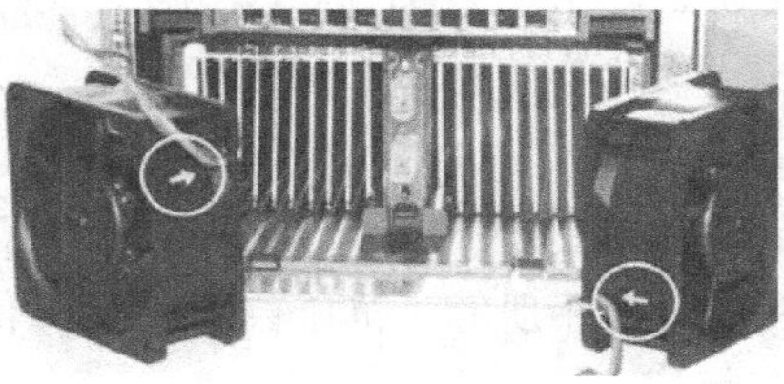
盖好风扇盖子			

注：图中箭头 1 表示风扇接插件位置，箭头 2 表示风扇卡扣位置。

8.4 资料与报警查阅

8.4.1 Doc On CD 介绍

西门子数控系统的资料可以说是"海量级"的，用户必须掌握一定的方法才能够快速找到自己需要的资料。这个资料光盘包含了最终用户文档、机床制造商文档、驱动、电动机、传感器、控制器等各种文档信息，一般来说无论是从事西门子数控系统维护、维修还是工艺编程，具备这个光盘是非常有必要的。

这张资料光盘需要安装，在安装了 Adobe Reader PDF 阅读器之后，把 DOC on CD 上所有的内容拷贝到电脑的本地硬盘上，直接安装 DOC on CD 就可以了。安装完成之后会在 Adobe Reader PDF 阅读器上集成一个索引工具（图 8-11）。借助于这个索引工具，查找资料就非常方便了。

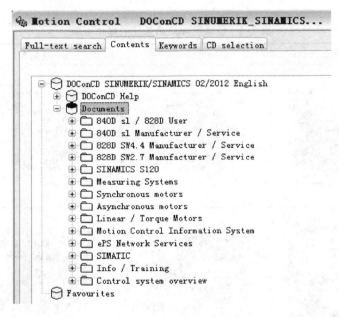

图 8-11　DOC on CD 的索引工具

（1）840D sl/828D User　主要包含的是面对机床最终用户的各种文档：简明操作指南，各种部件比如 HMI、HT 的操作指南，Shop Turn/Shop Mill 操作手册，诊断手册，编程手册，循环编程手册，系统变量手册等。

（2）840D sl Manufacturer/Service　主要包含的是面对机床制造商或机床服务工程师的各种文档：如 NCU 的配置，系统手册，部件操作手册，安装调试手册，基本功能手册，扩展功能手册，特殊功能手册等，机床数据／接口信号列表，驱动功能手册，刀具管理，安全集成，人机界面扩展等。

（3）828D SW4.4/SW2.7 Manufacturer/Service　包含 828D SW4.4/SW2.7 诊断手册、参数手册、服务手册、功能手册、配置手册等。

（4）SINAMICS S120 驱动　包括 SINAMICS S120 伺服驱动控制单元、功率单元、功能手册、配置手册等。

（5）Synchronous motors/Asynchronous motors/Linear/Torque Motors　包括同步伺服电动机、异步式主轴电动机、直线电动机以及力矩电动机的技术手册。

（6）SIMATIC　包括 SIMATIC PLC 方面的技术手册及技术文档。

（7）Info/Training　包括产品信息、数控加工培训文档。

8.4.2　报警查阅

西门子数控系统报警有系统报警以及机床外围用户报警，报警及信息在数控机床的报警操作界面下查看，数控机床报警及信息查看步骤如图 8-12 所示。

图 8-12　数控机床报警及信息查看步骤

其中，"报警清单"界面中显示机床当前所有的报警事件，这些报警通常会导致机床无法运行或无法正常加工；而"信息"界面中显示的是机床的提示信息，通常不会导致机床无法运行操作，只是给操作人员一个提示提醒作用。

一条完整的报警或信息至少包含报警编号、报警日期时间、报警文本内容以及报警删除方式这四部分内容，完整的报警界面信息如图 8-13 所示。尤其是有多条报警的时候需要提供各条报警的完整信息以及所有的报警。因为根据这些信息可以诊断出哪些是主要的报警，哪些是被触发出来的报警。

日期 ▲	删除	报警号	文本
16.6.17 08:50:56.644	▨	3000	急停
16.6.17 08:50:55.639		25202	轴 A 等待驱动就绪
16.6.17 08:50:52.698		207565	DP003.从动装置003: SERVO 4 (7): 驱动：在 PROFIdrive 编码器接口 1 上的编码器错误. 1.
16.6.17 08:50:52.649	I	26106	轴 A 编码器 1 没找到
16.6.17 08:50:37.419	I	25000	轴 A 主动编码器硬件出错

图 8-13　完整的报警界面信息

在图 8-13 所示的故障案例中，所出现的报警号"25000：轴 A 主动编码器硬件出错"，这个故障从时间上看是最先产生的，这个故障出现之后触发产生 26106、207565 以及 25202 三个报警。因此如果要排除故障，首先需要解决最先出来的报警，然后结合被触发的报警信息综合诊断故障的原因。"25000：轴 A 主动编码器硬件出错"报警信息提示的是硬件出错，并且报警删除方式是"　I　"，表示需要消除故障源之后重上电消除故障，因此需要检查编码器相关的连接回路，包括编码器本身以及编码器电缆。该故障最后检查出来是 A 轴编码器信号电缆断线导致报警。

故障报警删除方式除了上述提到的" ⬛ "这种方式之外，还有其他的删除故障报警方式，见表 8-5。

表 8-5　报警删除响应方式

序号	响应图标	操作含义
1	◇	需要按"Cycle Starter"按键才能够继续操作，或者 MCP 上的"Reset"按键
2	▮	控制器需要断电重启或 NCK 复位操作
3	⫽	按 MCP 面板上的"Reset"按键，同时会复位正在运行的 NC 加工程序
4	⊖	通过 NC 操作键盘上面的"Alarm cancel"按键来响应消除报警，不会复位正在运行的 NC 加工程序

在数控机床出现故障报警的时候，如果熟悉系统报警的分类，则能够快速确定报警故障的大概范围，见表 8-6。通过报警或信息通知机床操作或者维修服务人员当前机床的状态，通过机床报警信息可以更加直接地找出故障点。

表 8-6　报警分类

序号	报警号范围	报警分类
		NCK 方面的报警信息
1	000000～009999	通用报警
2	010000～019999	通道报警
3	020000～029999	轴/主轴报警
4	060000～064999	西门子循环报警
5	065000～069999	用户循环报警
6	070000～079999	OEM 与制造商循环编译报警
		HMI 方面的报警信息
1	100000～100999	基本系统报警
2	101000～101999	诊断区域报警
3	102000～102999	服务区域报警
4	103000～103999	加工区域报警
5	104000～104999	参数区域报警
6	105000～105999	编程区域报警
7	106000～106999	保留
8	107000～107999	OEM 区域报警

（续）

序号	报警号范围	报 警 分 类
		HMI 方面的报警信息
9	108000 ~ 108999	HiGragh 区域报警
10	109000 ~ 109999	分布式系统报警（M－N）
11	110000 ~ 110999	循环报警
12	111000 ~ 111999	Shop Mill、Shop Turn 报警
13	113000 ~ 113999	用户扩展接口（Easy screen）报警
14	114000 ~ 114999	HT6 报警
15	119000 ~ 119999	OEM 报警
16	120000 ~ 129999	HMI Advanced 信息
17	130000 ~ 139999	OEM 信息
18	142000 ~ 142099	RCS 联机查看报警
19	149000 ~ 149999	ePS 服务报警
		SINAMICS 驱动报警
1	201000 ~ －203999	控制单元报警
2	204000 ~ 204999	保留
3	205000 ~ －205999	功率单元报警
4	206000 ~ 206999	电源模块报警
5	207000 ~ 207999	驱动器报警
6	208000 ~ 208999	选件板报警
7	209000 ~ 209999	保留
8	213000 ~ 213002	授权报警
9	230000 ~ 230999	Drive CLiQ 组件功率模块报警
10	231000 ~ 231999	Drive CLiQ 组件编码器 1 报警
11	232000 ~ 232999	Drive CLiQ 组件编码器 2 报警
12	233000 ~ 233999	Drive CLiQ 组件编码器 3 报警
13	234000 ~ 234999	保留
14	235000 ~ 235999	TM31 端子板报警
15	236000 ~ 236999	保留
16	240000 ~ 240999	扩展控制单元 NX32 报警
17	241000 ~ 248999	保留
18	250000 ~ 250999	通信板报警
19	251000 ~ 259999	保留
		PLC 用户报警
1	400000 ~ 499999	通用 PLC 报警信息，系统报警
2	500000 ~ 599999	通道的 PLC 报警信息，用户配置
3	600000 ~ 609999	轴/主轴 PLC 报警信息，用户配置
4	700000 ~ 709999	PLC 机床外围报警信息，用户配置
5	800000 ~ 899999	PLC 顺序流程图报警信息及系统报警，其中 810000 ~ 810009 定义为 PLC 系统报警

第9章

五轴数控系统教学培训与加工辅助功能

数控系统辅助功能使用主要涉及以下部分（也适用于西门子的三轴数控系统，仅个别有差异）：

1. 批量调试机床的方法

批量调试机床可以实现系统数据的备份，或者将一台已经调试好机床的系统数据复制到同类机床，实现对批量机床的调试。

2. 将实际机床调试存档导入 SINUTRAIN 的方法

SINUTRAIN 是西门子数控工业级仿真和调试软件。可以实现数控系统的离线调试，只要从一台真实数控机床系统复制出数据文件，就可以在软件界面内模拟该机床系统编程和调试的功能。它的界面操作和软件界面与真实数控系统几乎一致，可以用于工程师的离线调试和院校的培训。

3. 数控系统画面远程监控

通过对数控系统运行画面的远程监控设定，可以将画面投影到监控电脑和投影仪，可以实现内容的监控，也可以对五轴数控机床控制系统的运转进行同步显示，提升培训的展示效果。

4. 数控系统程序的网盘传输方法

西门子 840D sl 具备更大的系统硬盘。区别于 USB 和 CF 卡等方式，网盘传输通过和电脑与数控系统的连接与设定，实现程序更高效、更稳定的传输。

5. 自定义数控系统开机启动画面

通过本部分的学习，可以实现将数控系统的开机阶段画面设定为用户所需的图片，可以是安全提示图片、用户的企业图片等。

9.1 批量调试机床的方法

9.1.1 创建批量调试文件

创建批量调试文件前，请确认拓扑比较等级已改为中级，否则在批量调试时会出现驱动报警。

单击系统面板按键【MENU SELECT】，按软键〖调试〗，再按软键〖扩展 ▷〗，然后按软键〖调试存档〗，出现如图 9-1 所示调试界面。

建立调试存档，就是将已经调试好的机床进行完整的数据备份；载入调试存档，就是将已经备份好的数据重新读入系统中。

单击系统面板按键【SELECT】建立调试存档，再按垂直软键〖确认〗，出现如图 9-2 所示调试存档数据选择界面。

注： 此方法仅限实体机床的操作。

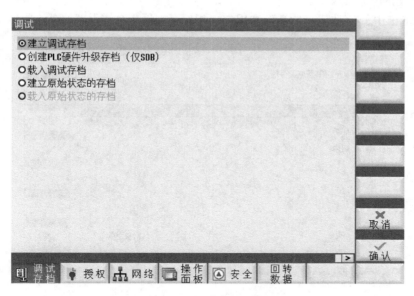

图 9-1　调试存档选择

图 9-2 中控制选项下的数据类型说明如下：

NC 数据：加工程序、丝杠螺距补偿、R 参数、反向间隙等。

PLC 数据：PLC 梯形图、PLC 参数等。

驱动数据：标识符、拓扑、电流、转矩等。

HMI 数据：制造商 PLC 报警文本、截屏、Easyscreen 等。

单击系统面板按键【SELECT】选择 NC 数据、PLC 数据、驱动数据、HMI 数据，再按垂直软键〖确认〗，出现如图 9-3 所示调试存档保存位置界面。

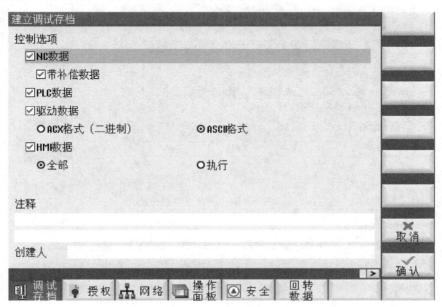

图 9-2　调试存档数据选择

图 9-3 弹出的"创建文档：选择保存位置"界面中的"USB"文件夹；"User CF"文件夹指保存在用户 CF 卡中；"存档"（制造商和用户）指保存在属于系统内部的存储器里面。

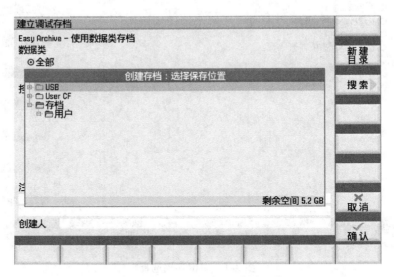

图 9-3　"创建文档：选择保存位置"界面

实际操作步骤如下：

1）选择批量调试文件的存储位置。可以保存在系统内部的制造商目录中，也可以直接存入 U 盘或者用户 CF 卡中。

2）再按垂直软键〖确认〗。

3）出现如图 9-4 所示界面，在其名称栏位置输入数据类存档"ARC"文档的文件名称。

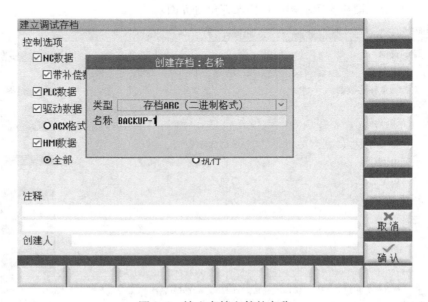

图 9-4　输入存档文件的名称

4）最后再按垂直软键〖确认〗。

5）存档已成功结束后再按垂直软键〖确认〗。

结束操作过程。

9.1.2　读入批量调试文件

在读入批量调试文件之前，都会先进行装载西门子系统出厂设置，目的是防止在读入批量调试文件时发生错误；如果批量调试文件在系统内部，应先将批量调试文件复制到 U 盘或 CF 卡上。

如图 9-5 所示为 NCU 开机调试的操作界面。

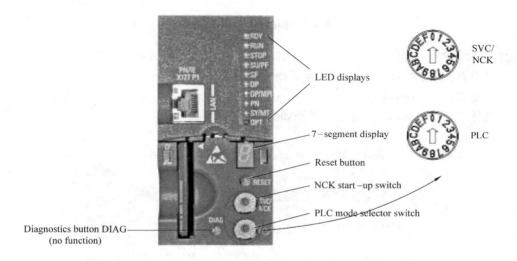

图 9-5　NCU 开机调试的操作界面

NCK 与 PLC 总清的操作步骤：

1）将 NCU 上开机调试和工作方式开关转动到下列位置：

NCK 开机调试开关标签（SIM/NCK）转到位置"1"。

PLC 运行方式开关（标签 PLC）转到位置"3"。

2）执行上电（接通控制系统）。

3）等待，直至 NCU 持续进行下列显示：

LED STOP 闪烁。

LED SF 亮起。

4）在下列开关位置上依次旋转 PLC 运行方式开关：

短暂转动到位置"2-3-2"，此动作必须在 3s 之内完成。

首先 LED STOP 灯约 2Hz 频率闪烁。

等待 LED STOP 长亮。

5）转动 NCK 和 PLC 开关返回到位置"0"。

6）在正常启动后在 NCU 状态显示屏上输出数字"6"和右下角一个闪烁的点。LED RUN 持续亮起呈绿色。

7）重新进行一次启动。PLC 和 NCK 处于循环运行模式下，总清完毕。

单击系统面板按键【MENU SELECT】，按软键〖调试〗，再按软键〖扩展 ▷〗，然后按软键〖调试存档〗，出现如图9-6所示调试界面。调试界面中有两个选择项：建立调试存档，就是将已经调试好的机床进行完整的数据备份；载入调试存档，就是将已经备份好的数据重新读入系统中。

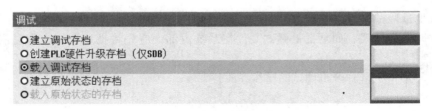

图9-6　调试存档选择界面

实际操作步骤如下：

1）单击系统面板按键【SELECT】载入调试存档。

2）按垂直软键〖确认〗。

3）选择"读取批量调试"选项，出现如图9-7所示界面。

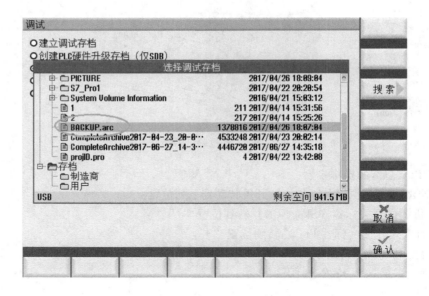

图9-7　选择批量调试文档界面

4）如果存取级别为"制造商"以下，则不会出现选择的界面，只能全部读取，出现如图9-8所示读取数据分级文档界面。

5）如果当前存取级别为"制造商"，还会出现一次读取内容的选择。可以根据需要勾选内容。

6）最后按垂直软键〖确认〗。

结束操作。

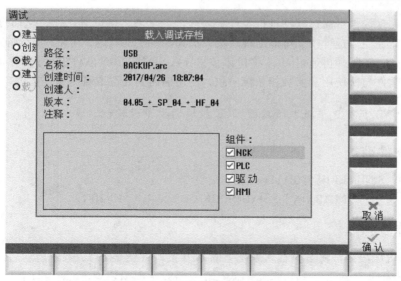

图 9-8　读取数据分级文档界面

9.2　将实际机床调试存档导入 SINUTRAIN 的方法

　　SINUTRAIN（图 9-9）是西门子针对 SINUMERIK 数控系统内核开发的一款西门子工业级仿真培训及离线调试软件，操作界面非常友好，基本与真实的数控系统内容一致。它是西门子为客户提供的与操作实际机床完全一致的数控培训平台，可完美模拟系统的运行，可以适用于从 2 轴数控车床、3 轴数控铣床直到 5 轴及车铣复合（还可以根据机床类型进行定制的）数控系统操作和数控加工编程及调试的学习，并可以外接第三方外定制的仿真培训面板，使受训学员在真实面板的操作触觉下强化学习效果。

　　关于调试文档的读取，西门子 SINU-TRAIN 软件读取调试文档的读取方式与注意事项见表 9-1（以最近的两个版本为例）。

图 9-9　西门子工业级编程仿真培训、离线调试软件 SINUTRAIN 及外置教学培训仿真面板

表 9-1　SINUTRAIN V4.5 和 V4.7 版本调试文档读取比对

版本	读取方式	注意事项
SINUTRAIN V4.5	需要借助 MCT 转换后，再读取	请注意数控系统版本与该软件版本的一致性
SINUTRAIN V4.7	可以直接读取机床调试文档	

　　用户可以借助 SINUTRAIN for SINUMERIK Operate Machine Configuration Tool（简称 MCT）组件将实际机床的调试存档文件导入软件。在 SINUTRAIN 软件上既能仿真与实际机床相同的功能，也可在软件上显示与实际机床一样的画面，使操作与编程更加符合实际情况。有了机床存档文

件，即使人不在现场也可通过软件进行零件程序验证、学习、备课等工作，从而提高工作效率。同时，数控机床在使用过程中，可能出现现场人员无法解决的问题，可将机床当前存档文件传送给西门子工程师，工程师再通过 MCT 将机床数据导入 SINUTRAIN 软件进行查看，用于辅助故障诊断。为保证软件与所使用真实数控系统一致，使用前需要先读取真实系统数据，并导入软件。

注：针对 V4.5 及更早版本所需的 MCT 组件需要单独授权。

9.2.1　软硬件准备

（1）硬件　SINUMERIK 840D sl。

（2）软件名称　SINUTRAIN for SINUMERIK Operate 4.7 SP3 HF1。

9.2.2　操作步骤

（1）复制机床数据　将 U 盘插入系统上的 USB 接口（图 9-10），系统启动后，在操作键盘

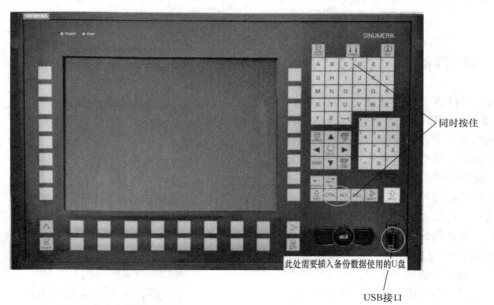

图 9-10　SINUMERIK 840D sl 数控系统面板

按下"Ctrl + Alt + C"（同时按住），在外部数据载体（USB – FlashDrive）上创建完整的存档（.arc 格式），存档的创建过程如图 9-11 所示。存档的后缀名必须为".arc"格式，否则 SINUTRAIN 软件无法读取。

注：机床数据越大创建存档所需的时间越长。

图 9-11　存档的创建过程

（2）导入机床数据　将存有机床存档文件的 U 盘插入电脑，并打开"SINUTRAIN for SINUMERIK Operate"软件，软件的主界面如图 9-12 所示。

在 SINUTRAIN 软件主界面的功能列表下选择〖读取调试存档〗，点击软键〖…〗，出现图
9-13所示画面，然后按照对话框提示，单击"选中的文件"栏，出现图 9-14 所示对话框。选择
之前从数控系统上保存的数据存档文件（文件后缀为".arc"格式），单击软键〖打开（O)〗。

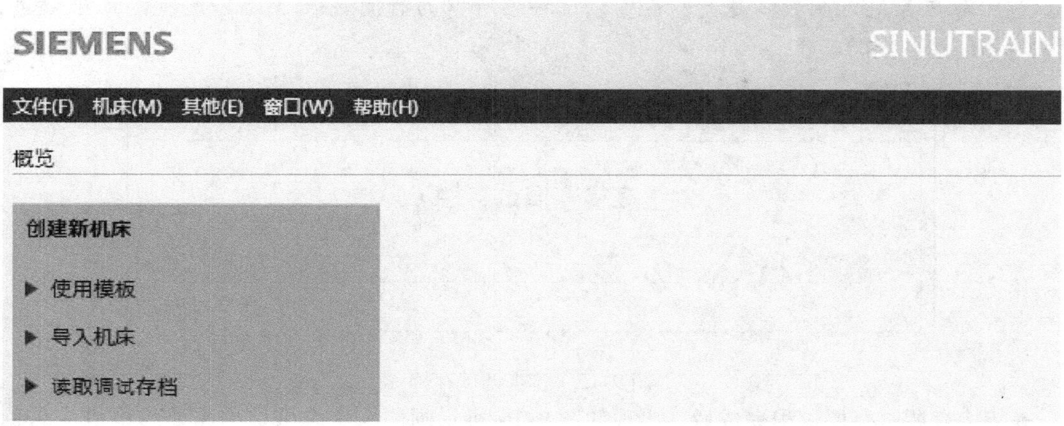

图 9-12　SINUTRAIN for SINUMERIK Operate 4. 7 软件主界面

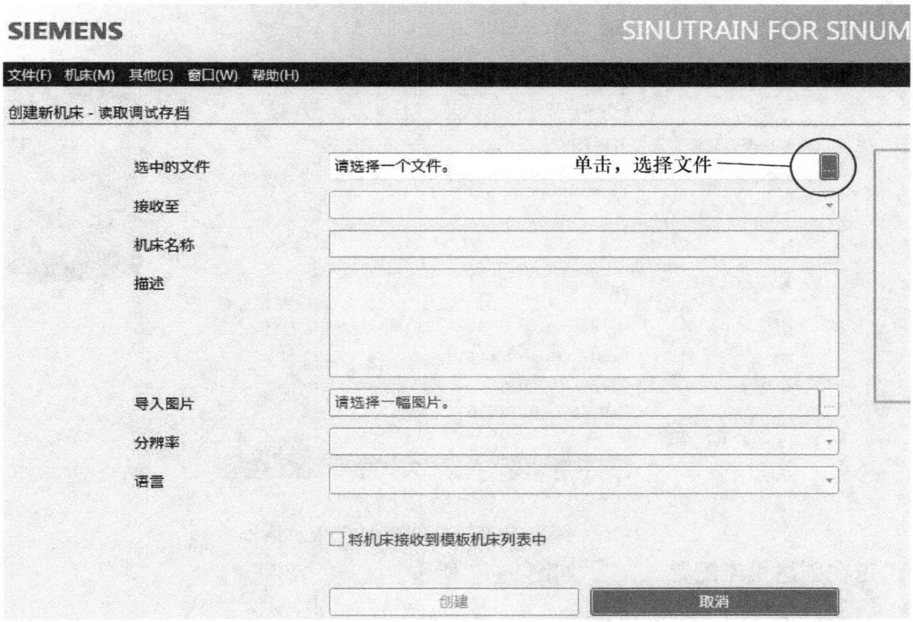

图 9-13　读取调试或进行存档前的界面

图 9-14　选择机床数据存档

（3）读取调试存档　打开存档文件，出现如图 9-15 所示画面，提示"正在检查调试存档……"。

> **注：** 机床系统定制数据越大，检查调试存档所需的时间越长（比如说有些机床做了大量的系统画面定制）。

请稍等……

正在检查调试存档……

图 9-15　检查调试存档

等待检查调试存档过程完成后，出现如图 9-16 所示画面，这时可根据需要编辑机床名称与相关描述（如可以插入机床真实图片），编辑完成后单击〖创建〗，创建机床配置。

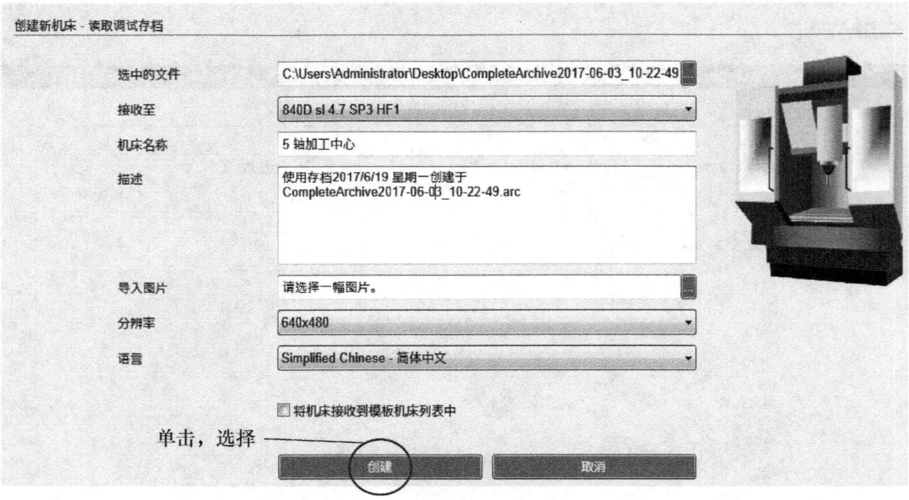

创建新机床 - 读取调试存档

选中的文件	C:\Users\Administrator\Desktop\CompleteArchive2017-06-03_10-22-49
接收至	840D sl 4.7 SP3 HF1
机床名称	5 轴加工中心
描述	使用存档2017/6/19 星期一创建于 CompleteArchive2017-06-03_10-22-49.arc
导入图片	请选择一幅图片。
分辨率	640x480
语言	Simplified Chinese - 简体中文

☐ 将机床接收到模板机床列表中

单击，选择 —— 创建　　　取消

图 9-16　编辑机床信息创建新机床对话框

提示"正在创建机床配置……"，如图 9-17 所示。

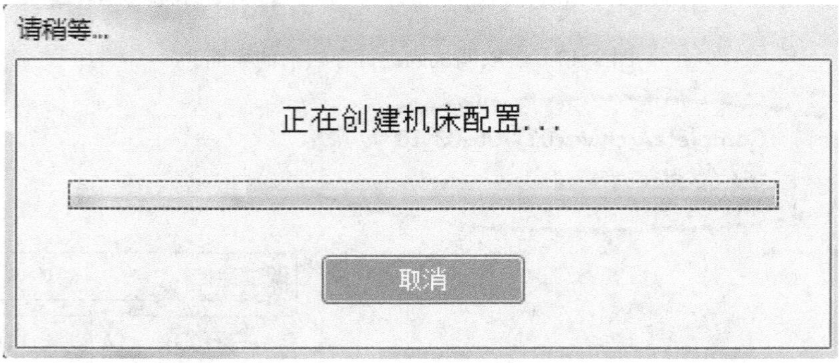

请稍等……

正在创建机床配置……

取消

图 9-17　创建机床配置

注：导入的机床数据越大，创建机床配置所需的时间越长。

（4）启动机床　创建完成后软件自动返回主界面，主界面增加了名称为"5 轴加工中心"的机床（图9-18）。

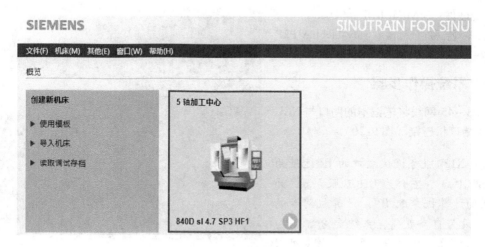

图 9-18　机床创建完成

如果要启动之前创建的机床，可以在软件菜单栏上选择〖机床（M）〗，然后在下拉框中单击〖启动（S）〗，等待片刻即可启动机床进入系统画面（画面和实际机床的画面保持一致），如图9-19 所示。

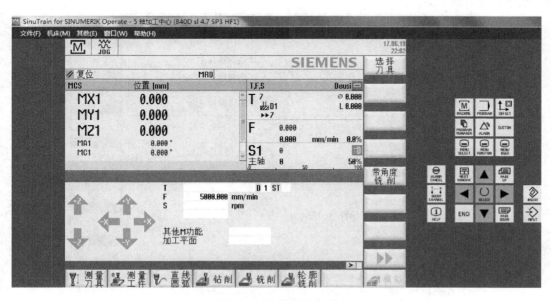

图 9-19　启动机床完成

179

9.3 数控系统画面远程监控

9.3.1 软件和硬件的准备

系统硬件：SINUMERIK 840D sl。

软件名称：Access MyMachine/P2P（PC）V4.6。

9.3.2 系统操作步骤

用 RJ‐45 网线将笔记本的网口与 NCU 的 X127 端口相连接（图9-20）。

> **注：** X127 服务调试端口的 IP 地址为 192.169.215.1，它作为 DHCP 服务器，为连接上的计算机分配 IP。计算机网卡的 IP 必须设为自动获得，系统会分配 IP：192.169.215.2 ~ 192.169.215.9，最多可同时连接 8 台计算机和投影仪。

图9-20 网线与 NCU 的连接

实际操作步骤如下：

1）单击系统面板按键【MENU SELECT】。

2）按水平软键〖诊断〗，按下〖扩展 ▷〗按键，在选择水平软键〖远程诊断〗，出现图9-21所示远程诊断界面。

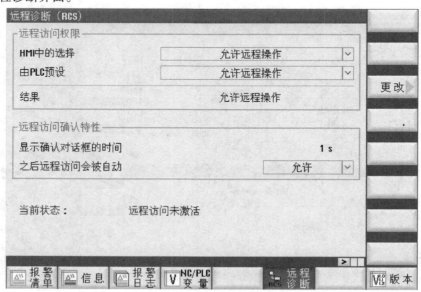

图9-21 远程诊断界面

3）按垂直软键〖更改〗，按照图9-21所示画面设置。

4）显示确认对话的时间改为"1s"，远程访问会被自动"允许"，出现图 9-22 所示界面。

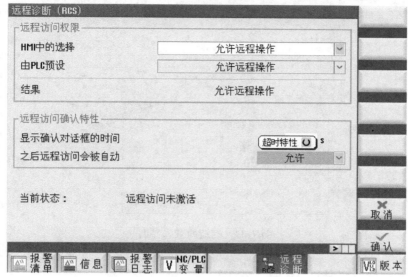

图 9-22　设置完成的远程诊断界面

5）最后按垂直软键〖确认〗。

6）打开软件 Access MyMachine/P2P（PC）V4.6，弹出连接设置对话框，如图 9-23 所示。

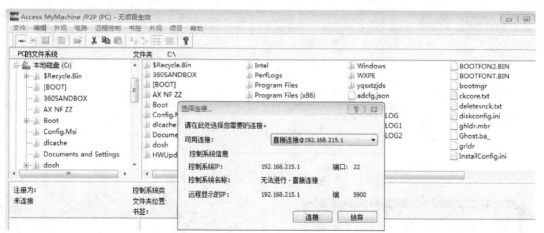

图 9-23　连接设置对话框

7）然后单击该对话框按键〖连接〗，出现图 9-24 所示的制造商登入界面。

在认证对话框中输入的内容如下：

登录：指的是用户名，它有 3 种选择，即用户、制造商、服务。

密码：对照用户名输入相对应的密码；在这里选择登录〖制造商〗，输入密码"SUNRISE"。

8）单击按键〖正常〗，出现图 9-25 所示界面。

9）单击图 9-25 左上角按键"远程控制"，出现图 9-26 和图 9-27 所示界面。

此时 SINUMERIK 840D sl 数控系统界面与计算机屏幕（也可以是投影仪）显示的图像是同步的。

图 9-24 制造商登入界面

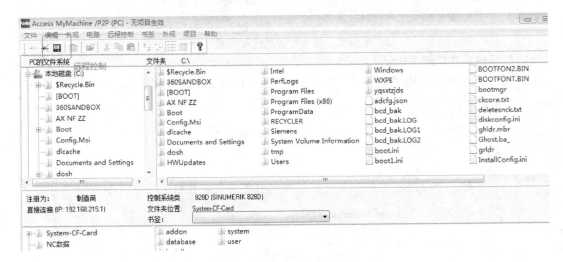

图 9-25 登录成功界面

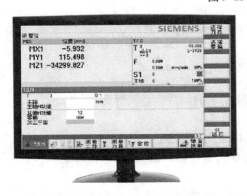

图 9-26 计算机屏幕端显示界面

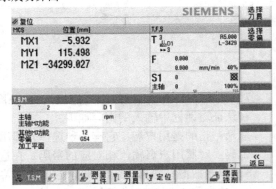

图 9-27 数控系统端显示界面

9.4 数控系统程序的网盘传输方法

以如下软硬件条件为例：

系统硬件为 SINUMERIK 840D sl 数控系统，系统软件版本为 NCU V04.05 + SP04 + HF04，计算机操作系统为 WIN7 旗舰版以上。

1）准备一根两端带有水晶头 RJ – 45 型号的网线，网线总长约为 4m，方便操作并且防止因网线过短导致接口松动，出现影响数据传输的异常现象发生。

2）打开机床后面的电气控制柜门，将最右边驱动器的盖子打开（图 9-28）。找到 X130 – P1 网线端口。将网线一端插进去，盖好盖子。

3）网线另外一端接到计算机的网线接口上，就完成了机床与计算机的网线连接操作。

4）确认配置是否正确，应单击系统面板按键【MENU SELECT】，按软键〖诊断〗，再按软键〖扩展 ▷〗，然后按软键〖TCP/IP 总线〗，出现图 9-29 所示诊断图。

网线插入此端口

图 9-28　X130 – P1 网线端口

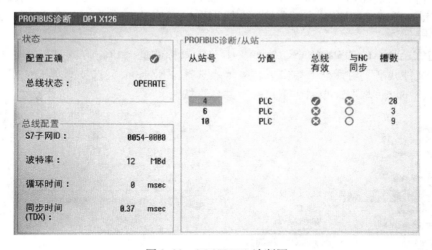

图 9-29　PROFIBUS 诊断图

5）配置数控系统端高级共享参数，设置界面如图 9-30 所示。具体步骤如下：

① 在进行配置操作前，要先进行系统权限设置：单击系统面板按键〖MENU SELECT〗，按软键〖调试〗，再按垂直软键〖口令〗，然后按垂直软键〖设定口令〗，输入"SUNRISE"口令，最后按软键〖确认〗。

② 单击系统面板按键【MENU SELECT】，按软键〖诊断〗，按软键〖TCP/IP 总线〗，按垂直软键〖TCP/IP 诊断〗，按垂直软键〖TCP/IP 配置〗，按垂直软键〖更改〗，出现图 9-30 所示 TCP/IP 配置界面，输入 IP 地址（192.168.100.1）子网掩码（255.255.255.0），按垂直软键

〖确认〗。

6）完成上述操作后，须将机床所有电源关闭并重新启动后，才可以正常工作。

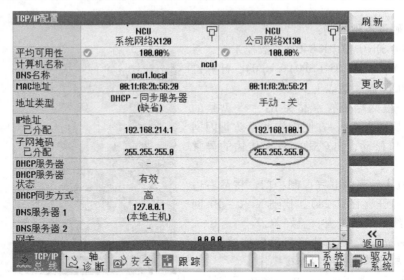

图 9-30 TCP/IP 配置图

7）接下来进行计算机端参数设置。具体步骤如图 9-31 所示。

① 在计算机任意驱动器（如 D 驱动器）下新建一个文件夹，此文件夹用于存放传输程序。单击鼠标右键➪单击"新建"➪选择"文件夹（F）"，文件夹命名为"SIEMENS"。文件夹名称一定要以字母命名。

② 接着在已命名的"SIEMENS"文件夹上单击鼠标右键➪单击"共享"➪选择"特定用户"➪在"文件共享"对话框下单击下拉菜单➪选择"Everyone"选项➪单击"添加"➪选中下面的"Every one 读取"➪单击右下角的"共享"按钮。

a) 设置特定用户

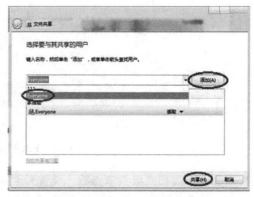
b) 文件共享

图 9-31 设置共享文件夹

③ 完成上述步骤后，开始设置计算机端 IP 地址，需要和数控系统的网络 IP 和子网掩码相互对应。

如图 9-32 所示，机床上电后计算机端就会出现正在识别网络符号➪单击"打开网络共享中心"⇨单击"本地连接"⇨单击"属性"⇨在"本地连接 3 属性"对话框下双击"Internet 协议版本 4（TCP／IPv4）"⇨在"Internet 协议版本 4（TCP／IPv4）属性"对话框下选择"使用下面的 IP 地址"⇨在 IP 地址栏输入"192. 168. 100. 2"⇨子网掩码输入"255. 255. 255. 0"⇨单击"确定"按钮。（注意：在进行计算机端 IP 设置前，先要关闭计算机的防火墙和杀毒软件等。）

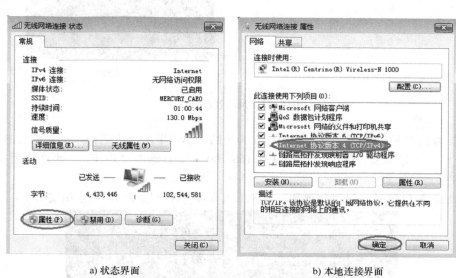

a) 状态界面　　　　　　　　　　　　　　　b) 本地连接界面

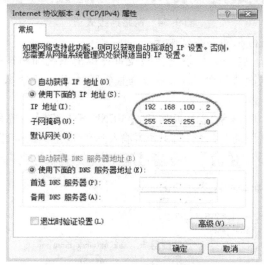

c) IP 地址设置界面

图 9-32　计算机端 IP 地址设置

④ 在计算机上建立一个新账户，用户名为"SIEMENS"，密码为"SUNRISE"。

单击 ⇨单击"控制面板"⇨单击右上角的"查看方式"⇨选为"大图标"⇨单击"用户账户"⇨单击右上角的"搜索控制"⇨搜索"用户"⇨选择"创建账户"⇨在新账户名中写入"SIEMENS"⇨单击"创建账户"⇨单击 ⇨单击"创建密码"⇨密码为"SUNRISE"。

⑤ 最后进行机床端与计算机端的网络连通性测试，具体步骤如图 9-33 所示。

a) 运行界面　　　　　　　　　　　　　b) 正在测试

图 9-33　网络连通性测试

单击计算机左下方的"　　　"按钮⇨在弹出的菜单项中单击"运行"⇨在弹出的"运行"界面的"打开"输入框中输入"ping 192.168.100.1"⇨单击"确定"，计算机运行，弹出 ping.exe 文件运行界面。

⑥ 最后屏幕出现图 9-34 所示画面，就说明机床端与计算机端的网络连接成功了。

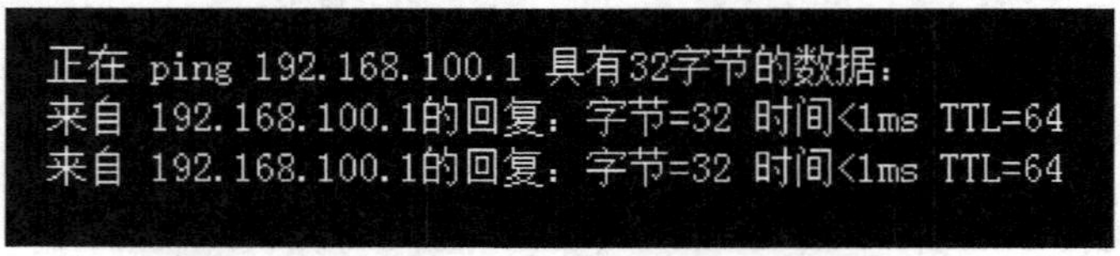

```
正在 ping 192.168.100.1 具有32字节的数据:
来自 192.168.100.1的回复:字节=32 时间<1ms TTL=64
来自 192.168.100.1的回复:字节=32 时间<1ms TTL=64
```

图 9-34　网络连接成功

8）最后对数控系统进行驱动器调试操作。

① 在进行调试操作前，要先进行系统权限设置：单击系统面板按键【MENU SELECT】，按软键〖调试〗，再按垂直软键〖口令〗，然后按垂直软键〖设定口令〗，输入"SUNRISE"口令，最后按软键〖确认〗。

② 驱动器调试操作：单击系统面板按键【MENU SELECT】，按软键〖调试〗，再按软键〖HMI〗，然后按软键〖逻辑驱动器〗，空的驱动器输入图 9-35 里面的全部内容，按软键〖确认〗，

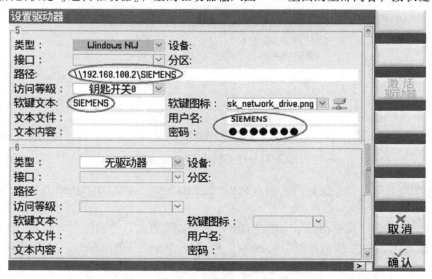

图 9-35　驱动器设置

再按垂直软键〖激活驱动器〗之后会在屏幕左下角出现"驱动器已激活"标识，表示系统端已经设置成功。（注：这里的用户名使用"SIEMENS"，密码设置为"SUNRISE"。要保证计算机端和数控系统端一致。）

　　③ 最后进行程序传输验证：将要传输的零件程序"CJG1"复制到计算机端的共享"SIE-MENS"文件夹下，如图9-36所示。单击系统面板按键【MENU SELECT】，按面板硬键【PRO-GRAM MANAGER】，单击向右〖＞〗扩展键，再按软键〖SIEMENS〗，就可以看到从计算机端复制进去的程序了（图9-37），现在就可以在系统端进行编辑或者加工了。

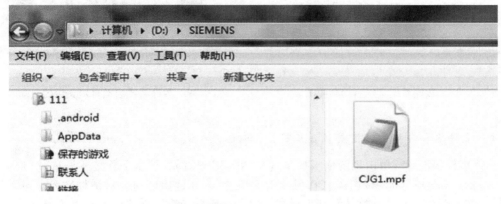

图9-36　复制到计算机端的零件程序 GJG1. mpf

图9-37　数控系统端程序

　　注：数控系统要求所有的文件夹目录名称都必须使用英文字母，否则无法传输。

9.5　自定义数控系统开机启动画面

　　很多企业或者院校都有自定义开机画面的需求，有的企业或院校会使用自身的 LOGO 或特定图片，有的会使用提示内容如"注意安全""检查设备开机状态"等。SINUMERIK 840D sl 高档数控系统凭借高度的开放性，既可以定制开机画面，也可以在标准界面上加入满足特殊工艺和操作的定制画面（如图9-38 和图9-39所示）。本书基于高档数控 SINUMERIK 840D sl，本节以开机启动画面的自定义方法为例（其余系统内部功能画面也可定制，具体技术要点请咨询相关工程技术人士）。

　　（1）硬件准备　系统版本为西门子 SINUMERIK 840D sl。

　　（2）操作步骤

　　1）图片处理　挑选合适的开机图片，在计算机上通过图片处理软件将图片的大小设置为

640dpi×500dpi，并且将图片以"splash. png"文件名保存到U盘根目录。

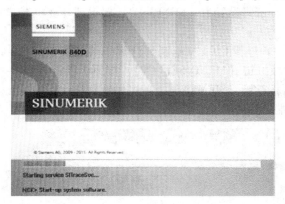

图9-38　数控系统常规启动画面图　　　　　　图9-39　数控系统启动自定义后的启动画面

注： 文件名和分辨率一定要设置正确，同时图片格式必须为". png"格式。

2）系统权限设置　单击系统面板按键【MENU SELECT】，按水平软键〖调试〗，选择垂直软键〖口令〗（图9-40），再按垂直软键〖设定口令〗，在弹出的口令对话框输入"SUNRISE"（大写），然后按垂直软键〖确认〗完成设置。设置完成后的机床配置画面左下角显示"当前访问级别：制造商"。

图9-40　口令设置

3）图片文件导入系统　将U盘插入SINUMERIK 840D sl系统正面的U盘接口，如图9-41所示。

单击系统面板按键【MENU SELECT】，按水平软键〖调试〗，选择水平软键〖系统数据〗。将U盘下的图片文件"splash. png"复制到系统CF中（路径为/oem/sinumerik/hmi/ico/ico640），如图9-42所示。

4）重新启动HMI　按照以上步骤操作完成后，单击系统面板按键【MENU SELECT】，按水平软键〖调试〗，按水平软件翻页，出现图9-43所示画面。

选择图 9-43 中右下角的软键〖重新启动 HMI〗。重启 HMI 的过程中即会显示如图 9-44 所示的画面，从而实现数控系统开机画面的定制。

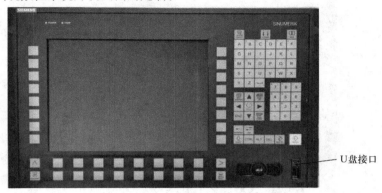

图 9-41　数控系统系统正面 U 盘接口

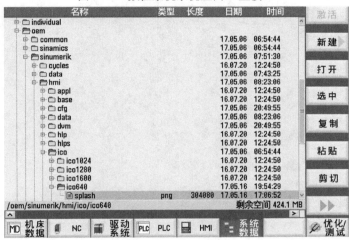

图 9-42　开机图片保存位置

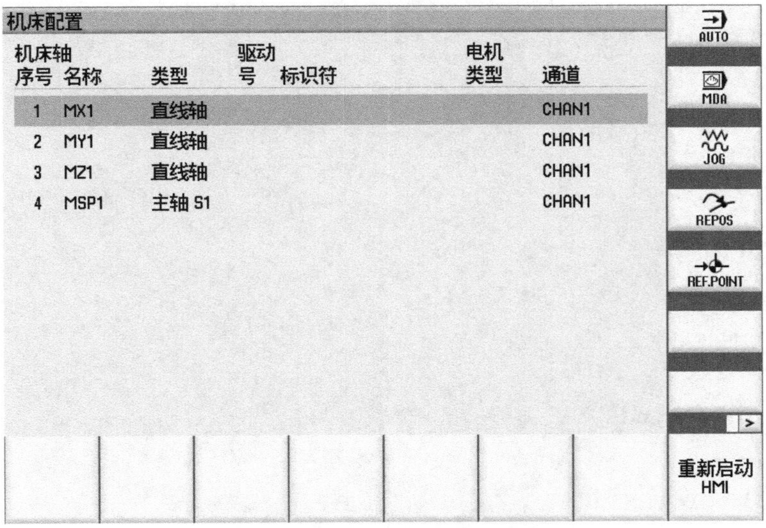

机床配置						
机床轴			驱动		电机	
序号	名称	类型	号	标识符	类型	通道
1	MX1	直线轴				CHAN1
2	MY1	直线轴				CHAN1
3	MZ1	直线轴				CHAN1
4	MSP1	主轴 S1				CHAN1

图 9-43　重新启动 HMI 界面

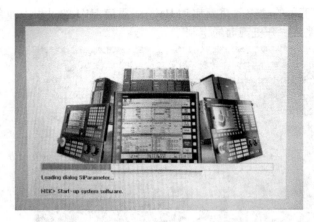

图 9-44　数控系统启动自定义后的启动画面